U0406979

最优控制与工程博弈论

杨阳 丛海芳 李明秋 等 编著

清华大学出版社
北 京

内 容 简 介

本书以数学描述的方式阐述了最优控制理论的研究内容，由具体的实例引出相关控制问题，再利用学生熟知的数学工具严谨地推算出问题的解决过程，并对控制问题的具体实例进行了严格的数学公式推导。此外，书中引用了大量工程实例，并对每个实例进行了详细的数学描述。

本书可供自动化、力学、计算机等相关领域高校师生和科研院所研究人员及技术人员阅读参考。

版权所有，侵权必究。举报：010-62782989，beiqinquan@tup.tsinghua.edu.cn。

图书在版编目（CIP）数据

最优控制与工程博弈论 / 杨阳等编著. -- 北京 ：清华大学出版社，2025. 2.
ISBN 978-7-302-68420-6

Ⅰ. O232；O225

中国国家版本馆 CIP 数据核字第 20251U0A51 号

责任编辑： 孙亚楠
封面设计： 何凤霞
责任校对： 薄军霞
责任印制： 刘海龙

出版发行： 清华大学出版社
网　　址： https://www.tup.com.cn，https://www.wqxuetang.com
地　　址： 北京清华大学学研大厦 A 座　　**邮　　编：** 100084
社 总 机： 010-83470000　　**邮　　购：** 010-62786544
投稿与读者服务： 010-62776969，c-service@tup.tsinghua.edu.cn
质量反馈： 010-62772015，zhiliang@tup.tsinghua.edu.cn
印 装 者： 三河市春园印刷有限公司
经　　销： 全国新华书店
开　　本： 170mm×240mm　　**印　　张：** 10　　**字　　数：** 198 千字
版　　次： 2025 年 3 月第 1 版　　**印　　次：** 2025 年 3 月第1 次印刷
定　　价： 49.00 元

产品编号：105651-01

序

很高兴看到《最优控制与工程博弈论》的出版。在现代科技迅猛发展的时代，工程技术日益复杂，系统优化和控制已经成为工程实践中的核心挑战。特别是针对多主体决策和竞争合作的问题，工程博弈论的理论研究和实际应用凸显关键与重要，成为解决这些复杂问题的重要工具。本书不仅在理论深度上有所突破，更在实际应用上给出了切实可行的解决方案。

最优控制理论作为一种数学优化方法，已广泛应用于自动化、航空航天、机械工程等众多领域。作者在书中深入浅出地阐述了最优控制的基本原理，每一个理论推导都经过了严谨的论证，每一个算法都在实际案例中得到了验证。

博弈论作为现代数学一个新的分支和运筹学的重要学科，为工程系统中的决策提供了新兴视角。特别是在多智能体系统中，个体之间的策略互动往往决定了整个系统的性能。作者巧妙地将博弈论的思想引入最优控制中，通过一系列经典的博弈模型，展示了如何在工程系统中应用博弈论来解决复杂的决策问题。

近年来，随着技术的进步和复杂系统需求的增加，传统的控制方法已经不能完全满足现代工程的需求。博弈论相关概念和工具在控制、多智能体系统与网络研究中的应用大幅增长，引起广泛的关注。将博弈论的思想引入最优控制，为解决多智能体系统中的协调与竞争问题提供了新的思路。

本书探讨了博弈论与最优控制的交叉融合，不仅限于理论层面，更侧重实际应用，展现出很强的生命力。随着相关技术的不断完善和应用场景的不断拓展，这一交叉领域必将在未来的工程和科技创新中发挥更加重要的作用。希望本书能够成为大家在学习、研究和实践中的得力助手，为推动工程领域的创新和发展贡献力量。

西安工业大学教授　王春阳

2024 年 6 月

前言

我们生活在一个智能化和互联化高度发展的时代，从自动驾驶汽车到智能电网，从无人机编队到分布式制造系统，复杂系统的优化和控制无处不在。在这个充满机遇与挑战的背景下，最优控制与博弈论的结合，为解决多主体、多目标的复杂工程问题提供了全新的视角和方法。

本书的编写不仅仅是为了传授知识，更是为了引领读者进入一个充满创新与挑战的学术领域。我们深知，单纯的理论学习难以满足当代工程问题的复杂需求。因此，本书力求在以下几个方面实现突破：

(1) 理论与实践的完美融合：本书不仅详细介绍最优控制和博弈论的基本原理，还通过实际案例分析和数值实验，展示这些理论在工程中的具体应用。读者将学会如何将抽象的数学模型转化为切实可行的工程方案。

(2) 前沿研究的深度挖掘：随着人工智能和大数据技术的飞速发展，最优控制与博弈论也在不断演变。本书将介绍最新的研究成果，包括如何利用高效的学习算法解决高维度最优控制问题，以及在智能系统中应用博弈论的方法。

(3) 跨学科的广阔视野：最优控制与博弈论在工程领域有着重要应用，本书将通过丰富的跨学科案例，帮助读者拓宽视野，启发创新思维。

(4) 学习与研究的无缝衔接：本书旨在为初学者提供清晰易懂的入门指导，同时为有志于深入研究的读者提供前沿问题和开放课题。希望通过本书激发读者的学术兴趣，培养解决实际问题的能力。

本书的顺利出版离不开许多人的支持和帮助。首先，要向所有参与本书编写的学者表示衷心的感谢。他们以严谨的态度和丰富的实践经验，力求为读者呈现一本内容翔实、结构清晰、理论与实践并重的教材。其次，本书在编撰过程中参考了很多国内外论著和资料，感谢这些学者的优秀研究成果。最后，特别感谢朱耀东、曹馨妍、接敬锋等博士研究生在资料收集和文字处理等方面的杰出贡献，以及林思宇、徐策成、田浩然、李丰田、刘婉婷、刘锐东、李宜峰、李恒旭、刘俐言等硕士研究生在格式排版和文稿校对等方面给予的支持。同时也要特别感谢我们的读者，正是你们对知识的渴求和对未知领域的探索精神，推动着科学与技术的不断进步。希望本书能成为你们学习和研究道路上的良师益友，帮助你们在最优控制与博弈论的世界中畅游，发现更多的创新可能。

让我们一同开启这段充满智慧与挑战的旅程，探索最优控制与工程博弈论的无限魅力。

本书可作为高等院校理工科高年级本科生或研究生教材，同时可供自动化、力学、计算机等相关领域科研和工程技术人员参考。

目录

第1章

绪 论

控制理论的发展是由于对控制对象的要求而产生的，这些要求是由科技的进步和发展所推动的。控制理论可以帮助我们更好地控制系统，从而实现更高效率的目标。通过对控制对象的深入了解，可以发现其内部结构和行为，从而更好地设计和调整系统，以达到更好的效果。单输入单输出的线性定常系统可以由经典自动控制原理进行设计分析，而随着诸如航空航天事业、空间技术等的快速发展，分析目标，即被控对象也从单输入单输出逐渐转变为多输入多输出的时变系统，各行各业对生产过程中的各种性能也提出了更高的要求，此时经典自动控制原理已不能满足工程需求，因此以状态空间为基础的最优控制理论逐渐发展起来。

最优控制理论发展于20世纪50年代，是现代控制理论的核心，目前已发展为一个系统的理论。最优控制问题的研究核心是如何从控制方案中找到最优方案，使得系统从初始状态转移到终端状态的同时，其性能指标能达到最优。最优控制理论被广泛应用于各种工业领域，如航空航天、汽车、电力、冶金等，为系统提供了更高的效率和稳定性。最优控制理论的发展也推动了现代控制技术的发展，使得系统能够更加可靠、稳定地运行。

1.1 最优控制理论的由来

广大读者早已熟知经典控制方法用于解决单输入单输出线性定常系统的控制问题，然而对于高阶系统或者多输入多输出系统，采用经典控制方法的结果总是差强人意。近代航空及空间技术的发展对控制精度提出了很高的要求，并且被控制的对象是多输入多输出的，参数是时变的。面对这些新的情况，建立在传递函数基础上的自动调节原理的局限性日益显现。这种局限性首先表现在对于时变系统，传递函数根本无法定义，对多输入多输出系统从传递函数概念得出的工程结论往往难以应用。

在此背景下，20世纪60年代初诸多学者开始研究状态空间理论，发展出线性系统理论、最优控制、最优滤波、系统辨识和适应控制等现代控制理论。最优控制的发展简史如下：

1948 年，维纳(Wiener)发表《控制论》，引入了信息、反馈和控制等重要概念，奠定了控制论(Cybernetics)的基础，并提出了相对于某一性能指标进行最优设计的概念。1950 年，米顿纳尔(Medonal)首先将这个概念用于研究继电器系统在单位阶跃响应下的过渡过程的时间最短最优控制问题。

1954 年，钱学森编著《工程控制论》(上下册)，系统地揭示了控制论对自动化、航空、航天、电子通信等科学技术的意义和重大影响。其中“最优开关曲线”等素材，直接促进了最优控制理论的形成和发展。

理论形成阶段：自动控制联合会(IFAC)第一届世界大会于 1960 年召开，卡尔曼(Kalman)、贝尔曼(R. Bellman)和庞特里亚金(Pontryagin)分别在会上作了“控制系统的一般理论”“动态规划”和“最优控制理论”的报告，宣告了最优控制理论的诞生，人们也称这三个工作是现代控制理论的三个里程碑。

1953—1957 年，贝尔曼(R. Bellman)创立了“动态规划”原理。为了解决多阶段决策过程逐步创立的问题，依据最优化原理，用一组基本的递推关系式使过程连续地最优转移。“动态规划”对于研究最优控制理论的重要性，表现在可得出离散时间系统的理论结果和迭代算法。

1956—1958 年，庞特里亚金创立“极小值原理”，它是最优控制理论的主要组成部分和该理论发展史上的一个里程碑。对于“最大值原理”，由于放宽了有关条件，使得许多古典变分法和动态规划方法无法解决的工程技术问题得到解决，所以它是解决最优控制问题的一种最普遍的有效的方法。同时，庞特里亚金在《最优过程的数学理论》著作中已经把最优控制理论初步形成了一个完整的体系。

此外，构成最优控制理论及现代最优化技术理论基础的代表性工作，还有不等式约束条件下的非线性最优必要条件(库恩-塔克定理)及卡尔曼的关于随机控制系统最优滤波器等。

最优控制理论是现代控制理论的重要组成部分，其发展奠定了整个现代控制理论的基础。最优控制理论所要解决的问题是按照控制对象的动态特性，选择一个容许控制，使得被控对象按照技术要求运转，同时使性能指标达到最优值。

下面先给出最优控制问题的数学描述，然后再具体介绍几个经典实例，以便读者进一步认识最优控制问题。

1.2 最优控制问题的数学描述

研究最优控制的方法：从数学方面看，最优控制问题就是求解一类带有约束条件的泛函极值问题，因此这是一个变分学的问题。然而变分理论只是解决容许控制属于开集的一类最优控制问题，而在工程实践中还常遇到容许控制属于闭集的一类最优控制问题，这就要求人们研究新方法。

在研究最优控制的方法中，有两种方法最富成效：一种是苏联学者庞特里亚金提出的“极大(小)值原理”，另一种是美国学者贝尔曼提出的“动态规划”。

极大(小)值原理是庞特里亚金等在1956—1958年逐步创立的，先是推测出极大值原理的结论，随后又提供了一种证明方法。

动态规划是贝尔曼在1953—1958年逐步创立的，他依据最优性原理发展了变分学中的哈密顿-雅可比理论，构成了动态规划。

求解最优控制问题可以采用解析法或数值计算法。由于电子计算机技术的发展，使得设计计算和实时控制有了实际可用的计算工具，为实际应用一些更完善的数学方法提供了工程实现的物质条件。高速度、大容量计算机的应用一方面使控制理论的工程实现有了可能，另一方面又提出了许多需要解决的理论课题，因此这门学科目前是正在发展的、极其活跃的科学领域之一。

最优控制理论在一些大型的或复杂的控制系统设计中已经取得了富有成效的实际应用。目前很多大学在自动控制理论课程中已经开始适当增加这方面的内容，而对于自动控制方面的研究生则普遍作为必修课程。

1.3　最优控制问题的实例

1.3.1　飞行器着陆问题

图1-1为飞行器着陆示意图，飞船靠其发动机产生一个与月球重力方向相反的推力，以使飞船在月球表面实现软着陆，寻求发动机推力的最优控制规律，以便使燃料的消耗最少。

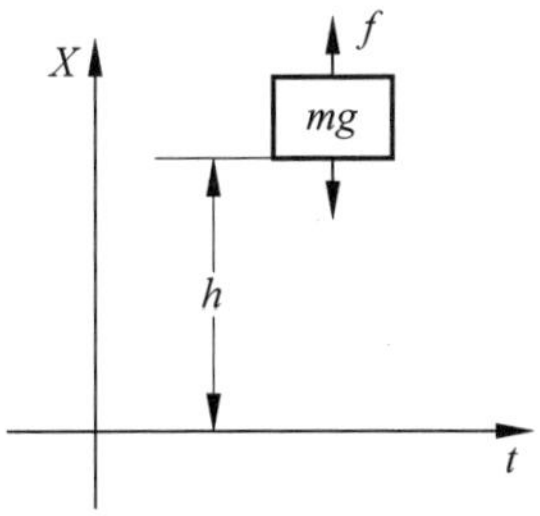

图1-1　飞行器着陆示意图

设飞船质量为m，高度为h，垂直速度为v，发动机推力为u，月球表面的重力加速度为常数g。设不带燃料的飞船质量为M，初始燃料的总质量为F，初始高度为h_0，初始的垂直速度为v_0，那么飞船的运动方程可以表示为

$$\begin{cases}\dot{h}(t)=v(t)\\ \dot{v}(t)=-g+\dfrac{u(t)}{m(t)}\\ \dot{m}(t)=-ku(t)\end{cases}$$

其中，初始条件为$\begin{cases}h(0)=h_0\\ v(0)=v_0\\ m(0)=M+F\end{cases}$，终端条件为$\begin{cases}h(t_f)=0\\ v(t_f)=0\end{cases}$，约束条件为 $0\leqslant u(t)\leqslant \alpha$。性能指标是指使燃料消耗为最小，即 $J=m(t_f)$达到最大值。

我们的任务是寻求发动机推力的最优控制规律，它应满足约束条件，使飞船由初始状态转移到终端状态，并且使性能指标为极值（极大值）。

1.3.2 拦截问题

在某一惯性坐标系内，设拦截器质心的位置矢量和速度矢量为 x_L、$\dot{x}_L$，目标质心的位置矢量和速度矢量为 x_M、$\dot{x}_M$，$F(t)$为拦截器的推力，若 $x=x_L-x_M$，$v=\dot{x}_L-\dot{x}_M$，则拦截器与目标的相对运动方程为

$$\begin{cases}\dot{x}=v\\ \dot{v}=a(t)+\dfrac{F(t)}{m(t)}\\ \dot{m}=-\dfrac{F(t)}{c}\end{cases}$$

其中，$a(t)$是除控制加速度外的固有相对加速度，是已知的；初始条件为 $x(t_0)=x_0$，$v(t_0)=v_0$，$m(t_0)=m_0$；终端条件为 $x(t_f)=0$，任意 $v(t_f)$，$m(t_f)\geqslant m_e$。从工程实际考虑，约束条件为 $0\leqslant F(t)\leqslant \max F(t)$。如果既要求拦截过程的时间尽量短，又要求燃料消耗尽量少，则可取性能指标最小为 $J=\int_{t_0}^{t_f}(c_1+F(t))\mathrm{d}t$。

综上所述，所谓最优拦截问题，即选择满足约束条件的控制 $F(t)$，驱使系统从初始状态出发的解，在某个时刻满足终端条件，且使性能指标为极值（极小值）。

1.3.3 双积分器的燃料最优控制

以无摩擦、燃料最优的条件下，质点的水平运动为条件，状态变量 x_1、$\dot{x}_1$ 和 x_2、$\dot{x}_2$ 分别代表位置和速度，控制变量 u 则表示加速度，约束条件为 $u\in\Omega=[-a_{\max}]$。求分段连续加速度 u：$[0,t_b]\rightarrow\Omega$，使得动态系统

$$\begin{bmatrix}\dot{x}_1(t)\\ \dot{x}_2(t)\end{bmatrix}=\begin{bmatrix}0 & 1\\ 0 & 0\end{bmatrix}\begin{bmatrix}x_1(t)\\ x_2(t)\end{bmatrix}+\begin{bmatrix}0\\ 1\end{bmatrix}u(t)$$

从初始状态

$$\begin{bmatrix}x_1(0)\\ x_2(0)\end{bmatrix}=\begin{bmatrix}s_a\\ v_a\end{bmatrix}$$

转移到终端状态

$$\begin{bmatrix}x_1(t_b)\\ x_2(t_b)\end{bmatrix}=\begin{bmatrix}s_b\\ v_b\end{bmatrix}$$

则可取性能指标为最小

$$J(u)=\int_0^{t_b}|u(t)|\,\mathrm{d}t$$

其中，$s_a, v_a, s_b, v_b, a_{\max}$ 和 t_b 是固定的。

与这种类型的成本函数相关的燃料优化概念涉及一个物理事实，即在火箭发动机中发动机产生的推力与从排气管喷嘴的质量流出率成正比。但是，在这个简单的问题陈述中，总质量随时间的变化被忽略了。

1.4　最优控制问题的提法

在叙述最优控制问题的提法之前，先讨论一些基本概念。

1.4.1　受控系统的数学模型

一个集中参数的受控系统总可以用一组一阶微分方程来描述，即状态方程，其一般形式为

$$\dot{X}(t)=f(X(t),u(t),t) \tag{1-1}$$

其中，$\boldsymbol{X}=[x_1,x_2,\cdots,x_n]^{\mathrm{T}}$ 是 n 维状态向量；$\boldsymbol{u}=[u_1,u_2,\cdots,u_p]^{\mathrm{T}}$ 为 p 维控制向量；$f(X(t),u(t),t)$为 n 维函数向量。

1.4.2　目标集

如果把状态视为 n 维欧氏空间中的一个点，在最优控制问题中，起始状态（初态）通常是已知的，即

$$X(t_0)=X(0)$$

而所达到的状态（末态）可以是状态空间中的一个点，或事先规定的范围内对末态的要求，可以用末态约束条件来表示：

$$\begin{cases}g_1(x(t_{\mathrm{f}}),t_{\mathrm{f}})=0\\ g_1(x(t_{\mathrm{f}}),t_{\mathrm{f}})\leqslant 0\end{cases} \tag{1-2}$$

满足末态约束的状态集合称为目标集，记为 M，即

$$M=\{x(t_f);x(t_f)\in R^n,g_1(x(t_f),t_f)=0,g_2(x(t_f),t_f)\leqslant 0\} \tag{1-3}$$

至于末态时刻，可以事先规定，也可以是未知的。

有时初态也没有完全给定，这时初态集合可以类似地用初态约束来表示。

1.4.3 容许控制

在实际控制问题中，大多数控制量受客观条件的限制，只能在一定范围内取值，这种限制通常可以用如下不等式约束来表示：

$$0\leqslant u(t)\leqslant u_{\max} \quad 或 \quad |u_i|\leqslant \alpha, \quad i=1,2,\cdots,p \tag{1-4}$$

上述由控制约束所规定的点集称为控制域，凡在上有定义，且在控制域内取值的每一个控制函数均称为容许控制。可分为两种情况：无约束控制和有约束控制。

无约束控制：控制向量的各个分量可以在实数范围内任意取值，不受任何限制。

有约束控制：控制向量的各个分量取值范围不再是整个实数空间，而是其中的某一个集合。该取值范围称为控制域，以 Ω 表示。

凡在闭区间上有定义，在控制域内取值，且分段连续的控制向量均称为容许控制。

1.4.4 性能指标

通常情况下，最优控制问题的性能指标形如：

$$J=\theta(x(t_f),t_f)+\int_{t_0}^{t_f}F(x(t),u(t),t)\,dt \tag{1-5}$$

其中第一项是接近目标集程度，即末态控制精度的度量，称为末值型性能指标；第二项称为积分型性能指标，它能反映控制过程偏差在某种意义下的平均或控制过程的快速性，同时能反映燃料或能量的消耗。

1.4.5 最优控制的提法

已知受控系统的状态方程及给定的初态：

$$\dot{X}(t)=f(X(t),u(t),t), \quad X(t_0)=X(0)$$

根据规定的目标集，求容许控制，使系统从给定的初态出发，转移到目标集，并使性能指标

$$J=\theta x(t_f),t_f+\int_{t_0}^{t_f}Fx(t),u(t),t\,dt$$

为最小，这就是最优控制问题。如果问题有解，则叫作最优控制(极值控制)，相应的轨线称为最优轨线(极值轨线)，而性能指标则称为最优性能指标。

1.5 最优控制的应用类型

设计最优控制系统时,很重要的一个问题是选择性能指标,性能指标按其数学形式可分为三类。

1.5.1 积分型性能指标

$$J=\int_{t_0}^{t_f} F[X(t),u(t),t]\,\mathrm{d}t \tag{1-6}$$

这样的最优控制问题为拉格朗日问题。

1.5.2 终值型性能指标

$$J=\theta[X(t_f),t_f] \tag{1-7}$$

这种性能指标只是对于系统在动态过程结束时的终端状态提出了要求,而对于整个动态过程中系统的状态和控制的演变未作要求,这样的最优控制问题为迈耶尔问题。

1.5.3 复合型性能指标

$$J=\theta[X(t_f),t_f]+\int_{t_0}^{t_f} F[X(t),u(t),t]\,\mathrm{d}t \tag{1-8}$$

这样的最优控制问题为波尔扎问题。

通过适当变换,拉格朗日问题和迈耶尔问题可以相互转换。

按控制系统的用途不同,所选择的性能指标不同,常见的有:

(1) 最小时间控制

$$J=t_f-t_0=\int_{t_0}^{t_f} 1\cdot\mathrm{d}t \tag{1-9}$$

(2) 最小燃料消耗控制

粗略地说,控制量与燃料消耗量成正比,最小燃料消耗问题的性能指标为

$$J=\int_{t_0}^{t_f} |u(t)|\,\mathrm{d}t \tag{1-10}$$

(3) 最小能量控制

设标量控制函数与所消耗的功率成正比,则最小能量控制问题的性能指标为

$$J=\int_{t_0}^{t_f} u^2(t)\,\mathrm{d}t \tag{1-11}$$

(4) 线性调节器

给定一个线性系统的平衡状态,设计的目的是保持系统处于平衡状态,即这个系统应能从任何初始状态返回平衡状态,这种系统称为线性调节器。

线性调节器的性能指标为

$$J=\int_{t_0}^{t_f}\sum_{i=1}^{n}x_i^2(t)\mathrm{d}t \tag{1-12}$$

加权后的性能指标为

$$J=\int_{t_0}^{t_f}\sum_{i=1}^{n}q_i x_i^2(t)\mathrm{d}t \tag{1-13}$$

对 $u(t)$有约束的性能指标为

$$J=\int_{t_0}^{t_f}\frac{1}{2}\left[\boldsymbol{X}^{\mathrm{T}}(t)\boldsymbol{Q}X(t)+\boldsymbol{u}^{\mathrm{T}}(t)\boldsymbol{R}\boldsymbol{u}(t)\right]\mathrm{d}t \tag{1-14}$$

其中,$\boldsymbol{Q}$ 和 $\boldsymbol{R}$ 都是正定加权矩阵。

一般形式,有限时间线性调节器性能指标:

$$J=\frac{1}{2}\boldsymbol{X}^{\mathrm{T}}(t_f)\boldsymbol{P}X(t_f)+\int_{t_0}^{t_f}\frac{1}{2}\left[\boldsymbol{X}^{\mathrm{T}}(t)\boldsymbol{Q}X(t)+\boldsymbol{u}^{\mathrm{T}}(t)\boldsymbol{R}\boldsymbol{u}(t)\right]\mathrm{d}t \tag{1-15}$$

无限时间线性调节器性能指标:

$$J=\int_{t_0}^{\infty}\frac{1}{2}\left[\boldsymbol{X}^{\mathrm{T}}(t)\boldsymbol{Q}X(t)+\boldsymbol{u}^{\mathrm{T}}(t)\boldsymbol{R}\boldsymbol{u}(t)\right]\mathrm{d}t \tag{1-16}$$

其中,$\boldsymbol{P}\geqslant 0$,$\boldsymbol{Q}\geqslant 0$,$\boldsymbol{R}>0$ 均为对称加权矩阵。

(5) 线性跟踪器

若要求状态跟踪或尽可能接近目标轨迹,则这种系统称为状态跟踪器,其相应的性能指标为

$$J=\int_{t_0}^{t_f}\frac{1}{2}\left[\boldsymbol{X}(t)-\boldsymbol{X}_d(t)\right]^{\mathrm{T}}\boldsymbol{Q}\left[\boldsymbol{X}(t)-\boldsymbol{X}_d(t)\right]+\boldsymbol{u}^{\mathrm{T}}(t)\boldsymbol{R}\boldsymbol{u}(t)]\mathrm{d}t \tag{1-17}$$

其中,$\boldsymbol{Q}\geqslant 0$,$\boldsymbol{R}>0$ 均为对称加权矩阵。

若要求系统输出跟踪或尽可能接近目标轨迹,则这种系统称为输出跟踪器,其相应的性能指标为

$$J=\int_{t_0}^{t_f}\frac{1}{2}\left[y(t)-y_d(t)\right]^{\mathrm{T}}\boldsymbol{Q}\left[y(t)-y_d(t)\right]+\boldsymbol{u}^{\mathrm{T}}(t)\boldsymbol{R}\boldsymbol{u}(t)]\mathrm{d}t \tag{1-18}$$

其中,$\boldsymbol{Q}\geqslant 0$,$\boldsymbol{R}>0$ 均为对称加权矩阵。

除了上述几种应用类型外,根据具体工程实际的需要,还可以选取其他不同形式的性能指标,在选取性能指标时需注意以下事项:

(1) 应能反映对系统的主要技术条件要求;

(2) 便于对最优控制进行求解;

(3) 所导出的最优控制易于工程实现。

1.6 内容编排

本书主要分为两部分,第一部分以最优控制的基本理论知识为主,第二部分以博弈论相关知识为主。本书主要面向工程应用领域,因此在理论介绍的基础上各

章会附带关于工程领域的实例分析，以帮助读者更好地理解理论知识，并辅助读者将相关知识与相应的工程实践相结合。

本书的安排如下：

第 1 章至第 5 章主要介绍最优控制相关的基础理论知识。第 1 章主要介绍最优控制的数学描述，并结合几个经典控制问题对最优控制问题的主要分析流程和思路进行简要介绍。第 2 章首先介绍了最优控制问题中用到的几个基础理论，包括极值问题、泛函与变分的基本概念，包括使用变分法求解最优控制问题的主要思路及详细过程。第 3 章主要介绍在最优控制问题求解过程中十分重要的极小值原理。第 4 章讲述动态规划法的思想。第 5 章讲解关于线性二次型问题的最优控制，包括各种状态调节器及输出跟踪器。

第 6 章至第 8 章主要介绍博弈论相关的基础理论知识。第 6 章介绍博弈论相关背景，包括博弈论的基本原理、纳什均衡及一些经典案例的分析。第 7 章主要介绍微分博弈，其中包括基于其与零和博弈这两个理论的 H_∞ 最优控制，接着对博弈论结合多智能体系统的一致性进行了介绍，其核心内容是一致性问题可以转化为一个非合作的微分博弈问题。第 8 章整体介绍博弈论与工程结合的前沿方向之一——平均场博弈，帮助读者了解博弈论更为具体的应用场景。

习题

1. 最优控制理论的由来

简述最优控制理论的起源及其发展过程。

2. 最优控制问题的数学描述

给出一个简单的最优控制问题，并进行数学描述，包括受控系统的数学模型、目标函数和约束条件。

3. 飞行器着陆问题

描述一个飞行器着陆的最优控制问题，包括其受控系统、目标函数和约束条件。

4. 拦截问题

设计一个最优控制策略拦截一个移动目标。假设目标的运动方程已知，设计控制系统并写出其数学描述。

5. 双积分器的燃料最优控制

考虑一个双积分器系统，求解使燃料消耗最小的最优控制问题。系统模型为 $\ddot{x}(t)=u(t)$，目标函数为 $J=\int_0^T |u(t)|\,\mathrm{d}t$。

6. 性能指标的复杂性

讨论复杂性能指标对最优控制问题求解带来的挑战，并提出可能的解决办法。

第2章

最优控制中的变分法

在动态最优控制理论中，目标函数往往是一个泛函数，所以对其进行求解就是对泛函的极值性的研究。变分法作为一类经典的泛函极值分析方法，与很多数学物理问题都有紧密的联系。自17世纪后期以来，经典变分法作为一个独立的分支，在经典力学、空气动力学、光学、电磁等领域得到了广泛应用。现在，它被广泛地应用于控制论中。

2.1 变分法理论的发展

最优控制的本质是变分问题，经典变分法只能解决一类简单的最优控制问题。1953—1957年美国学者贝尔曼(R. Bellman)创立了“动态规划”理论，提出了变分学中的哈密顿-雅可比(Hamilton-Jacobi)理论，动态规划是控制有约束情况下求解最优控制问题的有效方法。为了解决有约束的泛函极值问题，1956—1958年L. S. 庞特里亚金提出并证明了“极大值原理”，有效解决了控制向量受约束的泛函极值问题。动态规划与极大值原理是现代变分理论中最常用的两种方法，都能够很好地解决控制有闭集约束的变分问题。20世纪60年代初R. E. 卡尔曼提出并解决了线性系统在二次型性能指标下的最优控制问题，1981年加拿大科学家G. Zames发表了一篇论文，为H_∞控制奠定了基础，同时也对现代鲁棒控制产生了重要的影响。随着近年来众多学者对最优控制理论的不断研究，其在深度与广度上都有了很大的发展，已被应用到各类工程领域中。

2.2 函数极值问题

2.2.1 极值问题

设二元函数$f(x_1,x_2)$，在点(x_1^*,x_2^*)处有极值$f(x_1^*,x_2^*)$的必要条件为

$$\begin{cases} f_{x_1}^{*} = \left.\dfrac{\partial f(x_1,x_2)}{\partial x_1}\right|_{(x_1^*,x_2^*)} = 0 \\ f_{x_2}^{*} = \left.\dfrac{\partial f(x_1,x_2)}{\partial x_2}\right|_{(x_1^*,x_2^*)} = 0 \end{cases} \tag{2-1}$$

$f(x_1^*,x_2^*)$取极小值的充分条件为

$$f_{x_1x_1}^{*}(\Delta x_1)^2 + 2f_{x_1x_2}^{*}\Delta x_1\Delta x_2 + f_{x_2x_2}^{*}(\Delta x_2)^2 > 0 \tag{2-2}$$

或

$$\begin{cases} (\Delta x_1,\Delta x_2)\begin{bmatrix} f_{x_1x_1}^{*} & f_{x_1x_2}^{*} \\ f_{x_1x_2}^{*} & f_{x_2x_2}^{*} \end{bmatrix}\begin{bmatrix}\Delta x_1 \\ \Delta x_2\end{bmatrix} > 0 \\ (\Delta x_1,\Delta x_2)\begin{bmatrix} f_{x_1x_1}^{*} & f_{x_1x_2}^{*} \\ f_{x_1x_2}^{*} & f_{x_2x_2}^{*} \end{bmatrix}\begin{bmatrix}\Delta x_1 \\ \Delta x_2\end{bmatrix} > 0 \end{cases} \tag{2-3}$$

正定。其中，

$$\begin{cases} f_{x_1x_1}^{*} = \left.\dfrac{\hat{\sigma}^2 f(x_1,x_2)}{\hat{\sigma} x_1^2}\right|_{(x_1^*,x_2^*)} \\ f_{x_1x_2}^{*} = \left.\dfrac{\partial^2 f(x_1,x_2)}{\partial x_1\partial x_2}\right|_{(x_1^*,x_2^*)} \\ f_{x_2x_2}^{*} = \left.\dfrac{\hat{\sigma}^2 f(x_1,x_2)}{\hat{c} x_2^2}\right|_{(x_1^*,x_2^*)} \end{cases} \tag{2-4}$$

上述结论可以推广到自变量多于两个的情形。

设 n 个变量的多元函数 $f(x_1,x_2,\cdots,x_n)$，若 $f(x)$在 x^* 处有极小值，其必要条件为

$$F_x^* = \begin{bmatrix} \dfrac{\partial f}{\partial x_1} \\ \dfrac{\partial f}{\partial x_2} \\ \vdots \\ \dfrac{\partial f}{\partial x_n} \end{bmatrix}_{[x_1^*,x_2^*,\cdots,x_n^*]} = 0 \tag{2-5}$$

充分条件为

$$F_{xx}^* = \begin{bmatrix} \dfrac{\partial^2 f(x)}{\partial x_1^2} & \dfrac{\partial^2 f(x)}{\partial x_1\partial x_2} & \cdots & \dfrac{\partial^2 f(x)}{\partial x_1\partial x_n} \\ \dfrac{\partial^2 f(x)}{\partial x_2\partial x_1} & \dfrac{\partial^2 f(x)}{\partial x_2^2} & \cdots & \dfrac{\partial^2 f(x)}{\partial x_2\partial x_n} \\ \vdots & \vdots & \vdots & \vdots \\ \dfrac{\partial^2 f(x)}{\partial x_n\partial x_1} & \dfrac{\partial^2 f(x)}{\partial x_n\partial x_2} & \cdots & \dfrac{\partial^2 f(x)}{\partial x_n^2} \end{bmatrix} \tag{2-6}$$

为正定矩阵。

2.2.2 函数极值问题

设二元函数 $f(x_1,x_2)$，x_1 和 x_2 必须满足下列方程：$g(x_1,x_2)=0$。为求函数 $f(x_1,x_2)$ 的极值，并找出其极值点 (x_1^*,x_2^*)，作一辅助函数——拉格朗日函数：

$$L(x_1,x_2,\lambda)=f(x_1,x_2)+\lambda g(x_1,x_2) \tag{2-7}$$

其中，λ 为辅助变量，称为拉格朗日乘子。

函数 $f(x_1,x_2)$ 求极值问题转变为无约束条件函数求极值问题（拉格朗日乘子法），其存在极值的必要条件为

$$\frac{\partial L}{\partial x}=\begin{bmatrix}\dfrac{\partial L}{\partial x_1}\\[2ex]\dfrac{\partial L}{\partial x_2}\\[2ex]\dfrac{\partial L}{\partial \lambda}\end{bmatrix}=0 \quad 或 \quad \frac{\partial L}{\partial x_1}=\frac{\partial f}{\partial x_1}+\lambda\frac{\partial g}{\partial x_1}=0 \tag{2-8}$$

$$\begin{cases}\dfrac{\partial L}{\partial x_2}=\dfrac{\partial f}{\partial x_2}+\lambda\dfrac{\partial g}{\partial x_2}=0\\[2ex]\dfrac{\partial L}{\partial \lambda}=g(x_1,x_2)=0\end{cases} \tag{2-9}$$

同样，用拉格朗日乘子法可以求有约束条件的 n 元函数的极值。

设 n 元函数为 $f(x_1,x_2,\cdots,x_n)$，有 m 个约束方程

$$g_i(x_1,x_2,\cdots,x_n)=0,\quad i=1,2,\cdots,m\ (n<m) \tag{2-10}$$

作拉格朗日函数：

$$L(x_1,x_2,\cdots,x_n,\lambda_1,\lambda_2,\cdots,\lambda_m)=f(x_1,x_2,\cdots,x_n)+\sum_{i=1}^{m}\lambda_i g_i(x_1,x_2,\cdots,x_n) \tag{2-11}$$

函数 L 有极值的必要条件为

$$\begin{cases}\dfrac{\partial L}{\partial x_1}=\dfrac{\partial f}{\partial x_1}+\displaystyle\sum_{i=1}^{m}\lambda_i\dfrac{\partial g_i}{\partial x_1}=0, & \dfrac{\partial L}{\partial \lambda_1}=g_1(x_1,x_2,\cdots,x_n)=0\\[2ex]\dfrac{\partial L}{\partial x_2}=\dfrac{\partial f}{\partial x_2}+\displaystyle\sum_{i=1}^{m}\lambda_i\dfrac{\partial g_i}{\partial x_2}=0, & \dfrac{\partial L}{\partial \lambda_2}=g_2(x_1,x_2,\cdots,x_n)=0\\[2ex]\qquad\vdots & \qquad\vdots\\[2ex]\dfrac{\partial L}{\partial x_n}=\dfrac{\partial f}{\partial x_n}+\displaystyle\sum_{i=1}^{m}\lambda_i\dfrac{\partial g_i}{\partial x_n}=0, & \dfrac{\partial L}{\partial \lambda_m}=g_m(x_1,x_2,\cdots,x_n)=0\end{cases} \tag{2-12}$$

2.3 泛函与变分的基本概念

2.3.1 函数与泛函的比较

函数：对于变量 t 的某一变域中的每一个值，x 都有一个值与之相对应，那么变量 x 称作变量 t 的函数，记为

$$x = f(t) \tag{2-13}$$

其中，t 称为函数的自变量。

自变量的微分：

$$d_t = t - t_0 (\text{增量足够小时}) \tag{2-14}$$

泛函：对于某一类函数 $x(\cdot)$ 中的每一个函数 $x(t)$，变量 J 都有一个值与之相对应，那么变量 J 称作依赖于函数 $x(t)$ 的泛函，记为

$$J = J[(t)] \tag{2-15}$$

其中，$x(t)$ 称为泛函的宗量。

宗量的变分：

$$\delta x = x(t) - x_0(t) \tag{2-16}$$

1. 泛函

设对于自变量 t，存在一类函数 $\{x(t)\}$，对于每个函数 $x(t)$，有一个 J 值与之对应，则变量 J 称为依赖于函数 $x(t)$ 的泛函数，简称泛函，记作 $J[x(t)]$。这里自变量仍是一个函数，故泛函也称函数的函数。如

$$E = \frac{1}{2} m v^2(t)$$

$$J = \int_{t_0}^{t_f} L[x(t), \dot{x}(t), t] \, dt \tag{2-17}$$

例如，$J[x] = \int_0^3 x(t) dt$（其中，$x(t)$ 为在 $[0,3]$ 上连续可积函数），当 $x(t) = t$ 时，有 $J = 4.5$；当 $x(t) = e^t$ 时，有 $J = e^3 - 1$。对于一个任意小正数 ε，总是可以找到 δ，当 $|x(t) - x_0(t)| < \delta$ 时，有 $|J[x(t)] - J[x_0(t)]| < \varepsilon$，就称泛函 $J[x(t)]$ 在 $x(t) = x_0(t)$ 处是连续的。

2. 宗量的变分

泛函 $J[x(t)]$ 的变量 $x(t)$ 的变分 δx，$\delta x \triangleq x(t) - x_0(t)$，$\forall x(t), x_0(t) \in R^n$，宗量变分 δx 表示 R^n 中点 $x(t)$ 与 $x_0(t)$ 之间的差。

3. 泛函变分的定义

定义 2-1：设 $J[x(t)]$ 是线性赋范空间 R^n 上的连续泛函，其增量可表示为

$$\Delta J[x]=J[x+\delta x]-J[x]=L[x,\delta x]+r[x,\delta x] \tag{2-18}$$

其中，$L[x,\delta x]-\delta x$ 的线性连续泛函 $r[x,\delta x]$是关于 δx 的高阶无穷小，则称 $\delta J=L[x,\delta x]$为泛函 $J[x(t)]$的变分。

泛函的变分是唯一的，当泛函变分存在时，也称泛函可微。

2.3.2 泛函变分求法

定理 2-1：设 $J[x(t)]$为线性赋范空间 R^n 上的连续泛函，若在 $x=x_0$ 处 $J[x]$可微，其中 $x,x_0\in R^n$，则 $J[x]$的变分为

$$\delta J[x_0,\delta x]=\frac{\partial}{\partial\varepsilon}J[x_0+\varepsilon\delta x]\Big|_{\varepsilon=0},\quad 0\leqslant\varepsilon\leqslant 1 \tag{2-19}$$

证明：x_0 处 J 可微，则

$$\Delta J=J[x_0+\varepsilon\delta x]-J[x_0]=L[x_0,\varepsilon\delta x]+r[x_0,\varepsilon\delta x]$$

由于 $L[x_0,\varepsilon\delta x]$是 $\varepsilon\delta x$ 的线性连续泛函，$L[x_0,\varepsilon\delta x]=\varepsilon L[x_0,\delta x]$。又 $r[x_0,\varepsilon\delta x]$ 关于 $\varepsilon\delta x$ 的高阶无穷小 $\lim\limits_{\varepsilon\to 0}\dfrac{r[x_0,\varepsilon\delta x]}{\varepsilon}=0$，

$$\begin{aligned}\frac{\partial}{\partial\varepsilon}J[x_0+\varepsilon\delta x]\Big|_{\varepsilon=0}&=\lim_{\varepsilon\to 0}\frac{J[x_0+\varepsilon\delta x]-J[x_0]}{\varepsilon}\\&=\lim_{\varepsilon\to 0}\frac{1}{\varepsilon}\{L[x_0,\varepsilon\delta x]+r[x_0,\varepsilon\delta x]\}=\delta J[x_0,\delta x]\end{aligned}$$

1. 泛函变分规则

泛函变分规则如下：

(1) $\delta(L_1+L_2)=\delta L_1+\delta L_2$；

(2) $\delta(L_1L_2)=L_1\delta L_2+L_2\delta L_1$；

(3) $\delta\int_a^b L[x,\dot{x},t]\,\mathrm{d}t=\int_a^b\delta L[x,\dot{x},t]\,\mathrm{d}t$；

(4) $\delta\dfrac{\mathrm{d}x}{\mathrm{d}t}=\dfrac{\mathrm{d}}{\mathrm{d}t}\delta x$。

2. 泛函极值

定义 2-2：设 $J[x]$是线性赋范空间 R^n 上某个开子集 D 中定义的可微泛函，点 $x_0\in D$。若存在某一正数 σ 及集合 $U(x_0,\sigma)=\{x\mid |x-x_0|<\sigma,x\in R^n\}$ 在 $x\in U(x_0,\sigma)\subset D$ 均有

$$\begin{cases}\Delta J[x]=J[x]-\Delta J[x_0]\geqslant 0\\ \Delta J[x]=J[x]-\Delta J[x_0]\leqslant 0\end{cases}$$

则称泛函 $J[x]$在 $x=x_0$ 处达到极小(大)值。

3. 泛函极值的必要条件：泛函极值定理

定理 2-2：若可微泛函 $J[x]$在 x_0 上达到极值，则在 x_0 上的变分为零，即

$$\delta J[x_0,\delta x]=\frac{\partial}{\partial\varepsilon}J[x_0+\varepsilon\delta x]\Big|_{\varepsilon=0}=0 \tag{2-20}$$

证明：$\phi(\varepsilon)=J[x_0+\varepsilon\delta x]\Big|_{\varepsilon=0}$，$\delta J[x_0,\delta x]=\frac{\partial}{\partial\varepsilon}J[x_0+\varepsilon\delta x]\Big|_{\varepsilon=0}=\frac{\mathrm{d}}{\mathrm{d}\varepsilon}\phi(\varepsilon)\Big|_{\varepsilon=0}$

根据函数极值的条件，函数 $\phi(\varepsilon)$在 $\varepsilon=0$ 时达到极值的必要条件为

$$\frac{\mathrm{d}}{\mathrm{d}\varepsilon}\phi(\varepsilon)\Big|_{\varepsilon=0}=0$$

可见，$\delta J[x_0,\delta x]=0$

2.3.3　函数微分与泛函变分的比较

1. 微分

（1）函数 $y=f(x)$，$\Delta x=x-x_0$，$\lim\limits_{x\to x_0}\Delta x=\mathrm{d}x$。

（2）函数微分：

$$\begin{cases}\Delta y=f(x+\Delta x)-f(x)=f'(x)\Delta x+o(\Delta x)\\ \mathrm{d}y=f'(x)\mathrm{d}x\end{cases} \tag{2-21}$$

（3）$\Delta x=x-x_0$ 很小时，$y(x)-y(x_0)\geqslant0$，$y(x_0)$为极小；$y(x)-y(x_0)\leqslant0$，$y(x_0)$为极大。

函数极值的必要条件为

$$x=x_0,\quad \frac{\mathrm{d}y}{\mathrm{d}x}=0$$

函数极值的充分条件为

$$\frac{\mathrm{d}y}{\mathrm{d}x}=0,\quad \frac{\mathrm{d}^2y}{\mathrm{d}x^2}>0,\quad \text{极小；}\quad \frac{\mathrm{d}^2y}{\mathrm{d}x^2}<0,\quad \text{极大}$$

2. 变分

泛函 $J(y(x))=\int_b^a F(x,y)\mathrm{d}x$，$\Delta y=y(x)-y_0(x)$，$\lim\limits_{y\to y_0(x)}\Delta y=\delta y$。

泛函变分：

$$\begin{cases}\Delta J=J(y+\Delta y)-J(y)=\frac{\mathrm{d}}{\mathrm{d}y}J(y)\Delta y+o(\Delta y)\\ \delta J=\frac{\mathrm{d}}{\mathrm{d}y}J(y)\delta y\end{cases} \tag{2-22}$$

当 $y(x)$与 $y_0(x)$很靠近时，$J(y(x))-J(y_0(x))\geqslant0$，$J$ 在 $y_0(x)$上极小；$J(y(x))-J(y_0(x))\leqslant0$，$J$ 在 $y_0(x)$上极大。

$y=y_0(x)$上泛函取极值的必要条件为 $y=y_0(x)$，$\delta J=0$。泛函极值的充分条件为 $\delta J=0$ 时，$\delta^2J>0$，极小；$\delta^2J<0$，极大。

3. 变分预备定理

定理 2-3：设$\boldsymbol{\xi}(t)$是$[t_0,t_f]$上连续的 n 维向量函数，$\eta(t)$是任意的 n 维连续向量函数，且 $\eta(t_0)=\eta(t_f)=0$，若 $\int_{t_0}^{t_f}\boldsymbol{\xi}^{\mathrm{T}}(t)\eta(t)\mathrm{d}t=0$，则$\boldsymbol{\xi}(t)\equiv 0, \forall t\in[t_0,t_f]$。

例 2-1：求泛函 $J=\int_0^1 x^2(t)\mathrm{d}t$ 的变分。

解：

$$\begin{aligned}\delta J&=\frac{\partial}{\partial\varepsilon}J[x(t)+\varepsilon\delta x(t)]\big|_{\varepsilon=0}\\&=\frac{\partial}{\partial\varepsilon}\int_0^1[x(t)+\varepsilon\delta x(t)]^2\mathrm{d}t\big|_{\varepsilon=0}\\&=\int_0^1\frac{\partial}{\partial\varepsilon}[x(t)+\varepsilon\delta x(t)]^2\big|_{\varepsilon=0}\mathrm{d}t\\&=\int_0^1 2x(t)\delta x(t)\mathrm{d}t\end{aligned}$$

例 2-2：求泛函 $J=\int_{t_0}^{t_f}L(x(t),\dot{x}(t),t)\mathrm{d}t$ 的变分。

解：

$$\begin{aligned}\delta J&=\frac{\partial}{\partial\varepsilon}J[x(t)+\varepsilon\delta x(t)]\big|_{\varepsilon=0}\\&=\int_{t_0}^{t_f}\frac{\partial}{\partial\varepsilon}L[x(t)+\varepsilon\delta x(t),\dot{x}(t)+\varepsilon\delta\dot{x}(t),t]^2\big|_{\varepsilon=0}\mathrm{d}t\\&=\int_{t_0}^{t_f}\left\{\frac{\partial L[x(t)+\varepsilon\delta x(t),\dot{x}(t)+\varepsilon\delta\dot{x}(t),t]}{\partial(x(t)+\varepsilon\delta x(t))}\cdot\frac{\partial(x(t)+\varepsilon\delta x(t))}{\partial\varepsilon}+\right.\\&\qquad\left.\frac{\partial L[x(t)+\varepsilon\delta x(t),\dot{x}(t)+\varepsilon\delta\dot{x}(t),t]}{\partial(\dot{x}(t)+\varepsilon\delta\dot{x}(t))}\cdot\frac{\partial(\dot{x}(t)+\varepsilon\delta\dot{x}(t))}{\partial\varepsilon}\right\}\Bigg|_{\varepsilon=0}\mathrm{d}t\\&=\int_{t_0}^{t_f}\left\{\frac{\partial L[x(t),\dot{x}(t),t]}{\partial x(t)}\delta x(t)+\frac{\partial L[x(t),\dot{x}(t),t]}{\partial\dot{x}(t)}\delta\dot{x}(t)\right\}\mathrm{d}t\end{aligned}$$

可推广到泛函 $J=\int_{t_0}^{t_f}L(x_1(t),\dot{x}_1(t),x_2(t),\dot{x}_2(t),\cdots,t)\mathrm{d}t$ 变分的计算。

2.4 无条件泛函极值的变分原理

2.4.1 无条件约束的泛函极值问题

设函数 $x(t)$在$[t_0,t_f]$区间上连续可导，定义下列形式的积分：

$$J=\int_{t_0}^{t_f}F[x(t),\dot{x}(t),t]\mathrm{d}t\tag{2-23}$$

J 的值取决于函数 $x(t)$，称为泛函。

1. 始端时刻 t_0 和终端时刻 t_f 都给定时的泛函极值

设 $J=\int_{t_0}^{t_f} F[x(t),\dot{x}(t),t]\mathrm{d}t$，函数 $x^*(t)$ 使 J 为极小，令

$$x(t)=x^*(t)+\varepsilon\eta(t) \tag{2-24}$$

其中，ε 是一个很小的参数，$\eta(t)$ 是一个连续可导的任意函数。

$$J(x)=\int_{t_0}^{t_f} F[x^*(t)+\varepsilon\eta(t),\dot{x}^*(t)+\varepsilon\dot{\eta}(t),t]\mathrm{d}t$$

其取极小值的必要条件为

$$\left.\frac{\partial J(x)}{\partial\varepsilon}\right|_{\varepsilon=0}=0$$

上式为 $J(x)$ 取极小值的必要条件。$J(x)$ 取极小值的充分条件为

$$\left.\frac{\partial J^2(x)}{\partial\varepsilon^2}\right|_{\varepsilon=0}>0$$

$J(x)$ 为极大、极小，通常可根据系统的物理性质来判断。

由必要条件 $\left.\frac{\partial J(x)}{\partial\varepsilon}\right|_{\varepsilon=0}=0$ 可得：

$$\left.\frac{\partial J(x)}{\partial\varepsilon}\right|_{\varepsilon=0}=\int_{t_0}^{t_f}\left[\eta(t)\frac{\partial F}{\partial x}+\dot{\eta}(t)\frac{\partial F}{\partial\dot{x}}\right]\mathrm{d}t=\int_{t_0}^{t_f}\eta\frac{\partial F}{\partial x}\mathrm{d}t+\int_{t_0}^{t_f}\frac{\partial F}{\partial\dot{x}}\mathrm{d}\eta(t)$$

$$=\int_{t_0}^{t_f}\eta\left(\frac{\partial F}{\partial x}\mathrm{d}t-\frac{\mathrm{d}}{\mathrm{d}t}\frac{\partial F}{\partial\dot{x}}\right)\mathrm{d}t+\eta\left.\frac{\partial F}{\partial\dot{x}}\right|_{t_0}^{t_f}=0$$

$J(x)$ 取极值的必要条件为

欧拉方程：

$$\frac{\partial F}{\partial x}-\frac{\mathrm{d}}{\mathrm{d}t}\frac{\partial F}{\partial\dot{x}}=0 \tag{2-25}$$

横截条件：

$$\left.\eta(t)\frac{\partial F}{\partial\dot{x}}\right|_{t_0}^{t_f}=0 \tag{2-26}$$

不同函数 F 的欧拉方程为

$$F[x(t),t]\quad\frac{\partial F}{\partial x}=0$$

$$F[x(t),t]\quad\frac{\partial^2 F}{\partial\dot{x}^2}\ddot{x}=0$$

$$F[\dot{x}(t),t]\ \frac{\partial^2 F}{\partial \dot{x}^2}\ddot{x}+\frac{\partial^2 F}{\partial \dot{x}\partial t}=0$$

$$F[x(t),\dot{x}(t)]\ \frac{\partial^2 F}{\partial \dot{x}^2}\ddot{x}+\frac{\partial^2 F}{\partial \dot{x}\partial t}-\frac{\partial F}{\partial x}=0$$

$$F[x(t),\dot{x}(t),t]=\alpha(x,t)+\beta(x,t)\dot{x}\frac{\partial \alpha}{\partial x}-\frac{\partial \beta}{\partial t}=0$$

根据横截条件：

$$\eta(t)\ \frac{\partial F}{\partial x}\bigg|_{t_0}^{t_f}=0 \tag{2-27}$$

当 t_0 和 t_f 给定时，根据 $x(t_0)$、$x(t_f)$ 是固定的或自由的各种组合，可导出边界条件。

（1）固定始端和固定终端

$$x(t_0)=x_0,\quad x(t_f)=x_f,\quad \eta(t)\,\Big|_{t_0}^{t_f}=0 \tag{2-28}$$

故边界条件为

$$x(t_0)=x_0,\quad x(t_f)=x_f \tag{2-29}$$

始端固定与终端固定如图 2-1 所示。

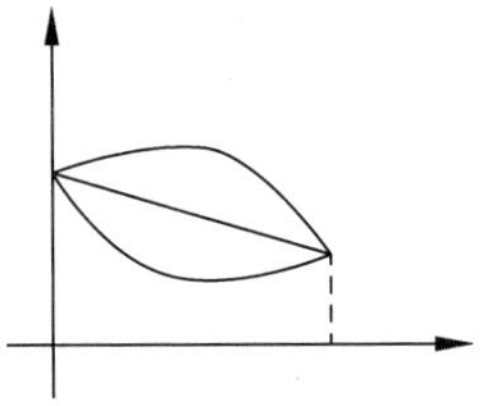

图 2-1　始端固定、终端固定

（2）自由始端和自由终端

$$\frac{\partial F}{\partial \dot{x}}\bigg|_{t_0}=0,\quad \frac{\partial F}{\partial \dot{x}}\bigg|_{t_f}=0 \tag{2-30}$$

自由始端与自由终端如图 2-2 所示。

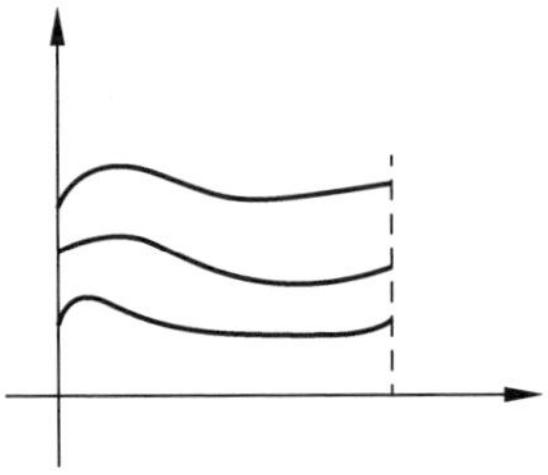

图 2-2　自由始端、自由终端

（3）自由始端和固定终端

$$\left.\frac{\partial F}{\partial \dot{x}}\right|_{t_0}=0,\quad x(t_f)=x_f \tag{2-31}$$

自由始端与固定终端如图 2-3 所示。

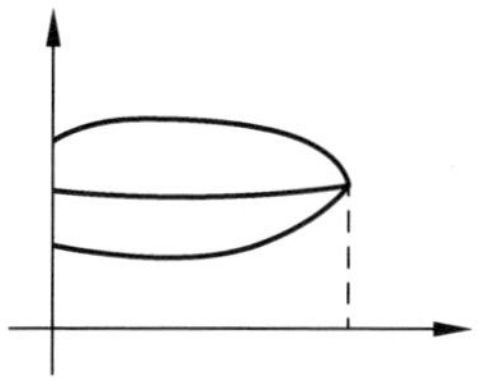

图 2-3　自由始端、固定终端

（4）固定始端和自由终端

$$x(t_0)=x_0,\quad \left.\frac{\partial F}{\partial \dot{x}}\right|_{t_f}=0 \tag{2-32}$$

固定始端与自由终端如图 2-4 所示。

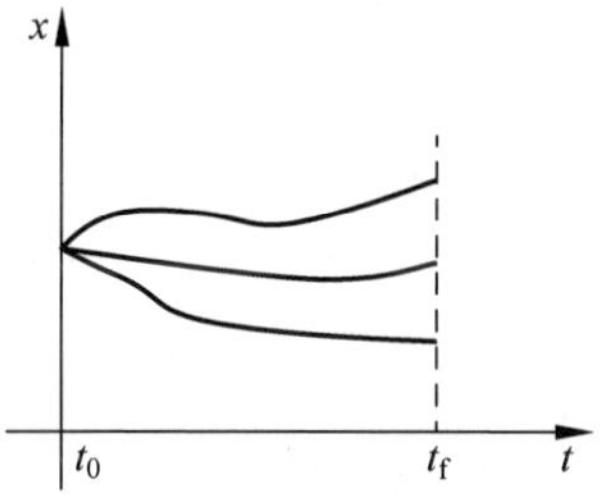

图 2-4　固定始端、自由终端

极小值的充分条件为

$$\left.\frac{\partial J^2(x)}{\partial \varepsilon^2}\right|_{\varepsilon=0}>0 \tag{2-33}$$

$$\int_{t_0}^{t_f}\left(\eta^2\frac{\partial^2 F}{\partial x^2}+2\eta\dot{\eta}\frac{\partial^2 F}{\partial x\partial \dot{x}}+\dot{\eta}^2\frac{\partial^2 F}{\partial \dot{x}^2}\right)\mathrm{d}t>0 \tag{2-34}$$

$$\int_{t_0}^{t_f}[\eta \quad \dot{\eta}]\begin{bmatrix}\dfrac{\partial^2 F}{\partial x^2} & \dfrac{\partial^2 F}{\partial x\partial \dot{x}}\\ \dfrac{\partial^2 F}{\partial x\partial \dot{x}} & \dfrac{\partial^2 F}{\partial \dot{x}^2}\end{bmatrix}\begin{bmatrix}\eta\\ \dot{\eta}\end{bmatrix}\mathrm{d}t>0 \tag{2-35}$$

故 $J(x)$取极小值的充分条件如下：$\begin{bmatrix}\dfrac{\partial^2 F}{\partial x^2} & \dfrac{\partial^2 F}{\partial x\partial \dot{x}}\\ \dfrac{\partial^2 F}{\partial x\partial \dot{x}} & \dfrac{\partial^2 F}{\partial \dot{x}^2}\end{bmatrix}$为正定。

例 2-3：设性能指标为 $J=\int_1^2(\dot{x}+\dot{x}^2t^2)\mathrm{d}t$，边界条件为 $x(1)=1$，$x(2)=2$，求 J 为极值时的 $x^*(t)$。

解：

$$F(x,\dot{x},t)=\dot{x}+\dot{x}^2t^2$$

由欧拉方程：

$$\frac{\partial F}{\partial x}-\frac{\mathrm{d}}{\mathrm{d}t}\frac{\partial F}{\partial \dot{x}}=0$$

$$\frac{\mathrm{d}}{\mathrm{d}t}(1+2\dot{x}t^2)=0$$

$$x^*(t)=\frac{C_1}{t}+C_2$$

根据边界条件：$x(1)=1$，$x(2)=2$，$x^*(t)=-\frac{2}{t}+3$，$\begin{bmatrix}\frac{\partial^2 F}{\partial x^2} & \frac{\partial^2 F}{\partial x\partial \dot{x}}\\ \frac{\partial^2 F}{\partial x\partial \dot{x}} & \frac{\partial^2 F}{\partial \dot{x}^2}\end{bmatrix}=\begin{bmatrix}0 & 0\\ 0 & 2t^2\end{bmatrix}$ 正半定，$J(x)$ 为极小值。

2. 未给定终端时刻的泛函极值问题

若始端时刻 t_0 给定，始端状态 $x(t_0)$ 固定或沿规定的边界曲线移动；而终端时刻 t_f 自由，终端状态 $x(t_\mathrm{f})$ 自由或沿规定的曲线移动，这类最优控制问题称为未给定终端时刻的泛函极值问题。

设系统性能指标：

$$J=\int_{t_0}^{t_\mathrm{f}}F[x(t),\dot{x}(t),t]\mathrm{d}t$$

其中，t_0 是已知的，t_f 未给定，$x(t_0)$ 给定或未给定。

$$\begin{cases}x(t)=x^*(t)+\varepsilon\eta(t)\\ \dot{x}(t)=\dot{x}^*(t)+\varepsilon\dot{\eta}(t)\\ t_\mathrm{f}=t_\mathrm{f}^*+\varepsilon\xi(t_\mathrm{f}^*)\\ J=\int_{t_0}^{t_\mathrm{f}^*+\varepsilon\xi(t_\mathrm{f}^*)}F[x^*(t)+\varepsilon\eta(t),\dot{x}^*(t)+\varepsilon\dot{\eta}(t),t]\mathrm{d}t\end{cases}\tag{2-36}$$

J 取极值的必要条件为 $\left.\dfrac{\partial J}{\partial \varepsilon}\right|_{\varepsilon=0}=0$。

$$\begin{cases} J=\displaystyle\int_{t_0}^{t_f^*+\varepsilon\xi(t_f^*)} F\left[x^*(t)+\varepsilon\eta(t),\dot{x}^*(t)+\varepsilon\dot{\eta}(t),t\right]\mathrm{d}t \\ \displaystyle\int_{t_0}^{t_f^*}\left[\eta(t)\frac{\partial F}{\partial x}+\dot{\eta}\frac{\partial F}{\partial \dot{x}}\right]\mathrm{d}t+F\left[x(t_f^*),\dot{x}(t_f^*),t_f^*\right]\zeta(t_f^*)=0 \end{cases} \tag{2-37}$$

上式第二项分部积分：

$$\int_{t_0}^{t_f^*}\dot{\eta}\frac{\partial F}{\partial \dot{x}}\mathrm{d}t=\eta(t)\left.\frac{\partial F}{\partial \dot{x}}\right|_{t_0}^{t_f^*}-\int_{t_0}^{t_f^*}\eta(t)\frac{\mathrm{d}}{\mathrm{d}t}\frac{\partial F}{\partial \dot{x}}\mathrm{d}t$$

于是有

$$\int_{t_0}^{t_f^*}\eta(t)\left(\frac{\partial F}{\partial x}-\frac{\mathrm{d}}{\mathrm{d}t}\frac{\partial F}{\partial \dot{x}}\right)\mathrm{d}t+\eta(t)\left.\frac{\partial F}{\partial \dot{x}}\right|_{t_0}^{t_f^*}+F\left[x(t_f^*),\dot{x}(t_f^*),t_f^*\right]\zeta(t_f^*)=0$$

得 $J(x)$ 取极值的必要条件为

欧拉方程：

$$\frac{\partial F}{\partial x}-\frac{\mathrm{d}}{\mathrm{d}t}\frac{\partial F}{\partial \dot{x}}=0$$

横截条件：

$$\eta(t)\left.\frac{\partial F}{\partial \dot{x}}\right|_{t_0}^{t_f^*}+F\left[x(t_f^*),\dot{x}(t_f^*),t_f^*\right]\zeta(t_f^*)=0$$

由横截条件可推出各种情况下的边界条件：

$$\eta(t)\left.\frac{\partial F}{\partial \dot{x}}\right|_{t_0}^{t_f^*}+F\left[x(t_f^*),\dot{x}(t_f^*),t_f^*\right]\zeta(t_f^*)=0$$

(1) 给定始端和自由终端

给定始端与自由终端的示意图如图 2-5 所示。

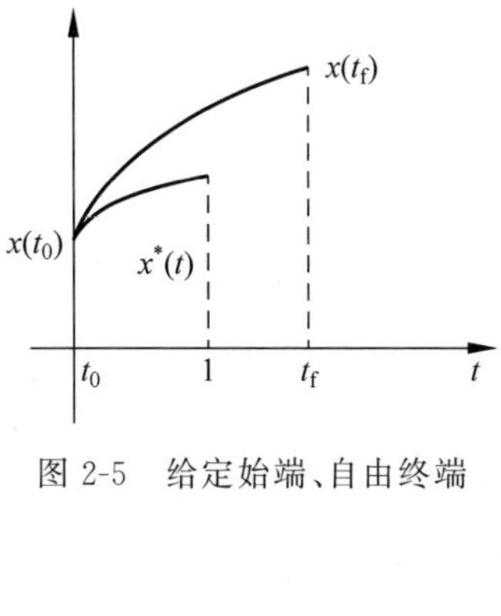

图 2-5　给定始端、自由终端

此时，$x(t_0)=x_0$，$\eta(t_0)=0$，$\xi(t_f)$和$\eta(t_f)$自由。

$$\left.\frac{\partial F}{\partial \dot{x}}\right|_{t=t_f^*}=0,\quad F[x(t_f^*),\dot{x}(t_f^*),t_f^*]=0$$

由于最优轨线$x^*(t)$的t_f即最优时刻t_f^*，上式可写为

$$x(t_0)=x_0,\quad F[x,\dot{x},t]\,|_{t_f}=0,\quad \left.\frac{\partial F}{\partial \dot{x}}\right|_{t=t_f}=0$$

(2) 给定始端$x(t_0)=x_0$和终端有约束

给定始端$x(t_0)=x_0$与终端有约束的示意图如图 2-6 所示。

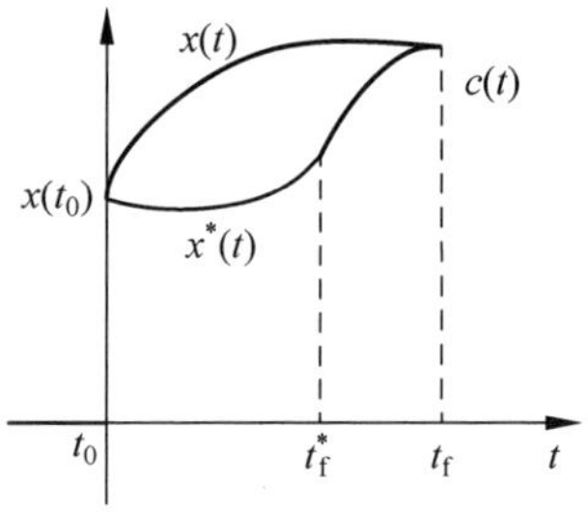

图 2-6　给定始端、终端约束

$$x(t_f)=c(t_f)$$

$$\eta(t)\left.\frac{\partial F}{\partial \dot{x}}\right|_{t_0}^{t_f^*}+F[x(t_f^*),\dot{x}(t_f^*),t_f^*]\,\zeta(t_f^*)=0$$

$$x(t)=x^*(t)+\varepsilon\eta(t)$$

代入$x(t_f)=c(t_f)$：

$$x^*[t_f^*+\varepsilon\xi(t_f^*)]+\varepsilon\eta[t_f^*+\varepsilon\xi(t_f^*)]=x[t_f^*+\varepsilon\xi(t_f^*)]=c[t_f^*+\varepsilon\xi(t_f^*)]$$

上式对ε求偏导，并令$\varepsilon=0$：

$$\eta(t_f^*)=[\dot{c}(t_f^*)-\dot{x}^*(t_f^*)]\,\xi(t_f^*)$$

可得边界条件与横截条件为

$$x(t_0)=x_0,\quad x(t_f)=c(t_f)$$

$$\left.\left\{[\dot{c}(t)-\dot{x}(t)]\frac{\partial F}{\partial \dot{x}}+F(x,\dot{x},t)\right\}\right|_{t=t_f}=0$$

(3) 终端$x(t_f)$固定，始端有约束$x(t_0)=\psi(t_0)$

终端$x(t_f)$固定，始端有约束$x(t_0)=\psi(t_0)$时示意图如图 2-7 所示。

边界条件与横截条件为

$$x(t_f)=x_f,\quad x(t_0)=\psi(t_0)$$

$$\left.\left\{\left(\frac{\partial F}{\partial \dot{x}}\right)[\dot{\psi}(t)-\dot{x}(t)]+F(x,\dot{x},t)\right\}\right|_{t_0}=0$$

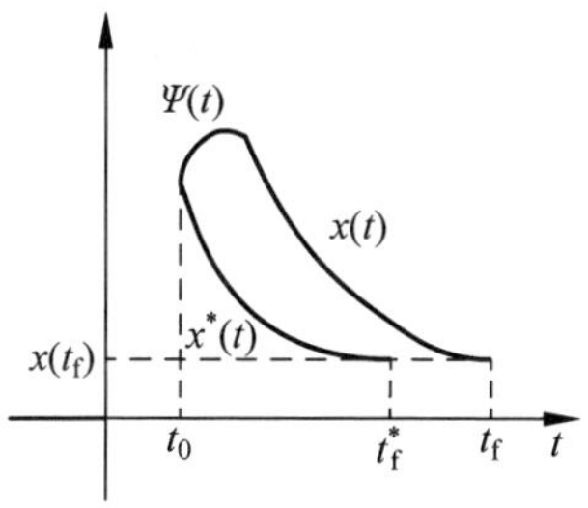

图 2-7 始端约束、终端固定

从以上讨论可以看出，无论边界情况如何，泛函极值都必须满足欧拉方程，只是在求解欧拉方程时，对于不同边界情况，应采用不同的边界条件与横截条件，有关无条件约束的泛函极值问题中的边界条件和横截条件详见表 2-1。

表 2-1 无条件约束的泛函极值问题中的边界条件和横截条件列表

t_f 固定	$x(t_0)$固定 $x(t_f)$固定	$x(t_0)=x_0,\quad x(t_f)=x_f$
	$x(t_0)$自由 $x(t_f)$固定	$x(t_f)=x_f,\quad \left.\dfrac{\partial F}{\partial \dot{x}}\right\vert_{t=t_0}=0$
	$x(t_0)$固定 $x(t_f)$自由	$x(t_0)=x_0,\quad \left.\dfrac{\partial F}{\partial \dot{x}}\right\vert_{t=t_f}=0$
	$x(t_0)$自由 $x(t_f)$自由	$\left.\dfrac{\partial F}{\partial x}\right\vert_{t=t_0}=0,\quad \left.\dfrac{\partial F}{\partial x}\right\vert_{t=t_f}=0$
t_f 自由	$x(t_0)$固定 $x(t_f)$自由	$x(t_0)=x_0,\quad \left.\dfrac{\partial F}{\partial \dot{x}}\right\vert_{t=t_f}=0,\quad F[x,\dot{x},t]\vert_{t=t_f}=0$
	$x(t_0)$固定 $x(t_f)$约束	$\begin{cases}x(t_0)=x_0\\x(t_f)=c(t_f)\end{cases},\quad \left.\left\{[\dot{c}(t)-\dot{x}(t)]\dfrac{\partial F}{\partial \dot{x}}+F\right\}\right\vert_{t=t_f}=0$
	$x(t_0)$约束 $x(t_f)$固定	$\begin{cases}x(t_0)=\psi(t_0)\\x(t_f)=x_f\end{cases},\quad \left.\left\{\dfrac{\partial F}{\partial \dot{x}}[\dot{\psi}(t)-\dot{x}(t)]+F\right\}\right\vert_{t=t_0}=0$

例 2-4：求使性能指标 $J=\int_{t_0}^{t_f}(1+\dot{x}^2)^{\frac{1}{2}}\mathrm{d}t$ 为极小时的最优轨线 $x^*(t)$。设 $x(0)=1$，$x(t_f)=c(t_f)$，$c(t_f)=2-t$，t_f 未给定。

解：显然，所给出的性能指标就是 $x(t)$ 的弧长，也就是说要求从 $x(0)$ 到直线 $c(t)$ 的弧长为最短，轨线图如图 2-8 所示。

$$F(x,\dot{x},t)=(1+\dot{x}^2)^{\frac{1}{2}}$$

欧拉方程为$\frac{\partial F}{\partial x}-\frac{\mathrm{d}}{\mathrm{d}t}\frac{\partial F}{\partial \dot{x}}=0$。

$$\begin{cases} 0-\dfrac{\mathrm{d}}{\mathrm{d}t}\left[\dfrac{\dot{x}}{(1+\dot{x}^2)^{\frac{1}{2}}}\right]=0 \\ \dfrac{\dot{x}}{(1+\dot{x}^2)^{\frac{1}{2}}}=c \\ \dot{x}^2=\dfrac{c}{1-c^2}=a^2 \\ \dot{x}=a, \quad x(t)=at+b \end{cases}$$

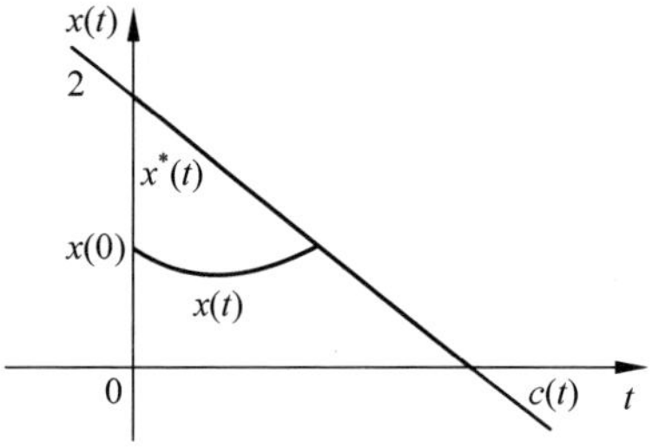

图 2-8 轨线图

这是一个 $x(t_0)$固定、$x(t_f)$约束情况下的极值问题。

由边界条件：

$$x(t_0)=x(0)\Rightarrow b=1, \quad x(t)=at+1$$

横截条件：

$$\left\{[\dot{c}(t)-\dot{x}(t)]\frac{\partial F}{\partial \dot{x}}+F\right\}\Bigg|_{t=t_f}=0\Rightarrow\left[(-1-\dot{x})\frac{\dot{x}}{(1+\dot{x}^2)^{\frac{1}{2}}}+(1+\dot{x})^{\frac{1}{2}}\right]\Bigg|_{t=t_f}=0$$

解得 $\dot{x}(t_f)=1, a=1, x^*(t)=t+1$。

由边界条件知 $x(t_f)=c(t_f)$，且 $t_f+1=2-t_f$，即 $t_f^*=\frac{1}{2}$，$J^*=\int_0^{\frac{1}{2}}(1+\dot{x}^{*2})^{\frac{1}{2}}\mathrm{d}t=\frac{\sqrt{2}}{2}$。

3. 向量函数泛函极值问题

在上面所讨论的公式中，都假定 x 是 1 维变量，但是所有公式都可推广到 n 维变量的情况。

设性能指标

$$J=\int_{t_0}^{t_f}F(x,\dot{x},t)\mathrm{d}t$$

式中，$\boldsymbol{x}(t)=\begin{bmatrix} x_1(t) \\ x_2(t) \\ \vdots \\ x_n(t) \end{bmatrix}$。

则欧拉方程为

$$\frac{\partial F}{\partial x}-\frac{\mathrm{d}}{\mathrm{d}t}\frac{\partial F}{\partial \dot{x}}=0$$

式中，$\dfrac{\partial F}{\partial x}=\begin{bmatrix} \dfrac{\partial F}{\partial x_1} \\ \dfrac{\partial F}{\partial x_2} \\ \vdots \\ \dfrac{\partial F}{\partial x_n} \end{bmatrix}$，$\dfrac{\partial F}{\partial \dot{x}}=\begin{bmatrix} \dfrac{\partial F}{\partial \dot{x}_1} \\ \dfrac{\partial F}{\partial \dot{x}_2} \\ \vdots \\ \dfrac{\partial F}{\partial \dot{x}_n} \end{bmatrix}$。

始端时刻 t_0 和终端时刻 t_f 都给定时，横截条件 $\boldsymbol{\eta}^{\mathrm{T}}(t)\dfrac{\partial F}{\partial \dot{x}}\bigg|_{t_0}^{t_f}=0$

式中，$\boldsymbol{\eta}(t)=\begin{bmatrix} \eta_1(t) \\ \eta_2(t) \\ \vdots \\ \eta_n(t) \end{bmatrix}$。

未给定终端时刻 t_f 时的横截条件如下：

(1) 给定始端和终端有约束：

$$\left\{[\dot{c}(t)-\dot{x}(t)]^{\mathrm{T}}\frac{\partial F}{\partial \dot{x}}+F\right\}\bigg|_{t=t_f}=0$$

(2) 给定终端和始端有约束：

$$\left\{\left(\frac{\partial F}{\partial \dot{x}}\right)^{\mathrm{T}}[\dot{\psi}(t)-\dot{x}(t)]+F\right\}\bigg|_{t=t_0}=0$$

2.4.2　有约束条件的泛函极值问题

在实际问题中，对应泛函极值的最优轨线 $x^*(t)$ 通常不能任意选取，而受着各种约束。求泛函在等式约束下的极值，称为条件泛函极值问题。

1. 代数方程约束

设

$$J=\int_{t_0}^{t_f}F[x(t),\dot{x}(t),t]\mathrm{d}t$$

约束方程

$$G(x,t)=0, \quad x \in R^n, \quad G \in R^m, \quad m<n \tag{2-38}$$

构造增广泛函

$$J_a=\int_{t_0}^{t_f}[F(x,\dot{x},t)+\boldsymbol{\lambda}^{\mathrm{T}}G(x,t)]\mathrm{d}t, \quad \lambda \in R^m \tag{2-39}$$

令纯量函数

$$L(x,\dot{x},\lambda,t)=F(x,\dot{x},t)+\boldsymbol{\lambda}^{\mathrm{T}}G(x,t) \tag{2-40}$$

分部积分：

$$\delta J_a=\int_{t_0}^{t_f}\left[\left(\frac{\partial L}{\partial x}\right)^{\mathrm{T}}\delta x+\left(\frac{\partial L}{\partial \dot{x}}\right)^{\mathrm{T}}\delta \dot{x}+\left(\frac{\partial L}{\partial \lambda}\right)^{\mathrm{T}}\delta \lambda\right]\mathrm{d}t=0$$

$$\int_{t_0}^{t_f}\left\{\left[\left(\frac{\partial L}{\partial x}\right)^{\mathrm{T}}-\frac{\mathrm{d}}{\mathrm{d}t}\left(\frac{\partial L}{\partial \dot{x}}\right)^{\mathrm{T}}\right]\delta x+\boldsymbol{G}^{\mathrm{T}}\delta\lambda\right\}\mathrm{d}t+\left(\frac{\partial L}{\partial \dot{x}}\right)^{\mathrm{T}}\delta x\Bigg|_{t_0}^{t_f}=0$$

由于 δx 和 $\delta\lambda$ 相互独立，为使上式成立，应同时满足下述欧拉方程、约束方程和横截条件。

欧拉方程：

$$\frac{\partial F}{\partial x}-\frac{\mathrm{d}}{\mathrm{d}t}\frac{\partial F}{\partial \dot{x}}=0 \Rightarrow \frac{\partial F}{\partial x}+\left(\frac{\partial G}{\partial x}\right)^{\mathrm{T}}\lambda-\frac{\mathrm{d}}{\mathrm{d}t}\frac{\partial F}{\partial \dot{x}}=0$$

约束方程：

$$G(x,t)=0$$

横截条件：

$$\left(\frac{\partial L}{\partial \dot{x}}\right)^{\mathrm{T}}\delta x\Bigg|_{t_0}^{t_f}=0$$

利用横截条件，根据始端状态 $x(t_0)$ 和终端状态 $x(t_f)$ 的不同情况，可以导出具体的边界条件和横截条件，其讨论过程和结论与无约束条件的泛函极值问题相同。

2. 微分方程约束

设

$$J=\int_{t_0}^{t_f}F(x,\dot{x},t)\mathrm{d}t$$

约束条件

$$G(x,\dot{x},t)=0, \quad G \in R^m \tag{2-41}$$

设纯量函数

$$L(x,\dot{x},\lambda,t)=F(x,\dot{x},t)+\boldsymbol{\lambda}^{\mathrm{T}}G(x,\dot{x},t) \tag{2-42}$$

欧拉方程

$$\frac{\partial L}{\partial x}-\frac{\mathrm{d}}{\mathrm{d}t}\frac{\partial L}{\partial \dot{x}}=0 \Rightarrow \frac{\partial F}{\partial x}+\left(\frac{\partial G}{\partial x}\right)^{\mathrm{T}}\lambda-\frac{\mathrm{d}}{\mathrm{d}t}\frac{\partial F}{\partial \dot{x}}-\frac{\mathrm{d}}{\mathrm{d}t}\left(\frac{\partial G}{\partial \dot{x}}\right)^{\mathrm{T}}\lambda=0$$

约束条件

$$G(x,\dot{x},t)=0$$

横截条件

$$\left(\frac{\partial L}{\partial \dot{x}}\right)^{\mathrm{T}}\delta x\Bigg|_{t_0}^{t_f}=0\Rightarrow\left(\frac{\partial F}{\partial \dot{x}}+\boldsymbol{\lambda}^{\mathrm{T}}\frac{\partial G}{\partial \dot{x}}\right)^{\mathrm{T}}\delta x\Bigg|_{t_0}^{t_f}=0$$

3. 积分方程约束

设

$$J=\int_{t_0}^{t_f}F(x,\dot{x},t)\mathrm{d}t$$

约束方程

$$\int_{t_0}^{t_f}G(x,\dot{x},t)\mathrm{d}t=c,\quad G\in R^m \tag{2-43}$$

其中,c 为一常数。

设 $\dot{Z}(t)=G(x,\dot{x},t)$,则 $G(x,\dot{x},t)-\dot{Z}(t)=0,Z(t_0)=0,Z(t_f)=c$。令 $\bar{\boldsymbol{x}}=\begin{bmatrix}x\\z\end{bmatrix},\dot{\bar{\boldsymbol{x}}}=\begin{bmatrix}\dot{x}\\\dot{z}\end{bmatrix},L=F+\boldsymbol{\lambda}^{\mathrm{T}}(G-\dot{Z})$。

欧拉方程

$$\frac{\partial L}{\partial \bar{x}}-\frac{\mathrm{d}}{\mathrm{d}t}\frac{\partial L}{\partial \dot{\bar{x}}}=0\Rightarrow\frac{\partial L}{\partial x}-\frac{\mathrm{d}}{\mathrm{d}t}\frac{\partial L}{\partial \dot{x}}=0,\quad \dot{\lambda}=0$$

约束方程

$$\dot{Z}(t)=G(x,\dot{x},t),\quad Z(t_0)=0,\quad Z(t_f)=c$$

横截条件

$$\left(\frac{\partial L}{\partial \dot{x}}\right)^{\mathrm{T}}\delta x\Bigg|_{t_0}^{t_f}=0$$

可见,对于有约束条件的泛函极值问题,可采用拉格朗日乘子法将其转化为无约束条件的泛函极值问题进行求解。在不同边界条件下,欧拉方程不变,只是边界条件及横截条件不同。

2.5 用变分法求解最优控制问题

2.5.1 具有终端性能指标的泛函

设系统状态方程

$$\dot{x}=f(x,u,t) \tag{2-44}$$

性能指标

$$J=\theta[x(t_f),t_f]+\int_{t_0}^{t_f}F(x,u,t)\,\mathrm{d}t \tag{2-45}$$

其中，$x\in R^n$，$u\in R^p$，θ 和 F 为纯函数量。

最优控制问题就是寻求最优控制 $u^*(t)$ 及最优状态轨迹 $x^*(t)$，使性能指标 J 取极值。

1. 初始时刻 t_0 及始端状态 $x(t_0)$ 给定，t_f 给定，终端自由

构造增广泛函：

$$J_a=\theta[x(t_f),t_f]+\int_{t_0}^{t_f}\{F(x,u,t)+\boldsymbol{\lambda}^{\mathrm{T}}[f(x,u,t)-\dot{x}]\}\,\mathrm{d}t \tag{2-46}$$

令哈密顿函数

$$H(x,u,\boldsymbol{\lambda},t)=F(x,u,t)+\boldsymbol{\lambda}^{\mathrm{T}}f(x,u,t) \tag{2-47}$$

则

$$J_a=\theta[x(t_f),t_f]+\int_{t_0}^{t_f}[H(x,u,\boldsymbol{\lambda},t)-\boldsymbol{\lambda}^{\mathrm{T}}\dot{x}]\,\mathrm{d}t \tag{2-48}$$

$$\delta J_a=\left(\frac{\partial\theta}{\partial x}\right)^{\mathrm{T}}\delta x\,\Big|_{t=t_f}+\int_{t_0}^{t_f}\left[\left(\frac{\partial H}{\partial x}\right)^{\mathrm{T}}\delta x+\left(\frac{\partial H}{\partial u}\right)^{\mathrm{T}}\delta u+\left(\frac{\partial H}{\partial\lambda}\right)^{\mathrm{T}}\delta\lambda-\dot{\boldsymbol{x}}^{\mathrm{T}}\delta\lambda-\boldsymbol{\lambda}^{\mathrm{T}}\delta\dot{x}\right]\mathrm{d}t=0 \tag{2-49}$$

注意到：

$$\int_{t_0}^{t_f}\boldsymbol{\lambda}^{\mathrm{T}}\delta\dot{x}\,\mathrm{d}t=\boldsymbol{\lambda}^{\mathrm{T}}\delta x\,\Big|_{t_0}^{t_f}-\int_{t_0}^{t_f}\dot{\boldsymbol{\lambda}}^{\mathrm{T}}\delta x\,\mathrm{d}t,\quad \delta x(t_0)=0 \tag{2-50}$$

$$\delta J_a=\left(\frac{\partial\theta}{\partial x}-\boldsymbol{\lambda}\right)^{\mathrm{T}}\delta x\,\Big|_{t=t_f}+\int_{t_0}^{t_f}\left[\left(\frac{\partial H}{\partial x}+\dot{\boldsymbol{\lambda}}\right)^{\mathrm{T}}\delta x+\left(\frac{\partial H}{\partial u}\right)^{\mathrm{T}}\delta u+\left(\frac{\partial H}{\partial\lambda}-\dot{\boldsymbol{x}}\right)^{\mathrm{T}}\delta\boldsymbol{\lambda}\right]\mathrm{d}t=0 \tag{2-51}$$

为使上式成立，应同时满足下列方程：

欧拉方程(伴随方程)：

$$\dot{\lambda}=-\frac{\partial H}{\partial x} \tag{2-52}$$

状态方程：

$$\dot{x}=-\frac{\partial H}{\partial\lambda} \tag{2-53}$$

控制方程：

$$\frac{\partial H}{\partial u}=0 \tag{2-54}$$

横截条件：

$$\begin{cases}\left(\dfrac{\partial\theta}{\partial x}-\lambda\right)^{\mathrm{T}}\delta x\,\Big|_{t=t_f}=0\\ x(t_0)=x_0\\ \lambda(t_f)=\dfrac{\partial\theta}{\partial x}\Big|_{t_f}\end{cases} \tag{2-55}$$

在两端固定的情况下，横截条件为 $x(t_0)=x_0$，$x(t_f)=x_f$。

例 2-5：设系统状态方程为 $\dot{x}(t)=-x(t)+u(t)$，$x(t)$ 的边界条件为 $x(0)=1$，$x(t_f)=0$，求最优控制 $u(t)$ 使下列性能指标 $J=\dfrac{1}{2}\int_0^{t_f}(x^2+u^2)\,\mathrm{d}t$ 为最小。

解：作哈密顿函数

$$H=\frac{1}{2}(x^2+u^2)+\lambda(-x+u)$$

欧拉方程：

$$\dot{\lambda}=-\frac{\partial H}{\partial x},\quad \dot{\lambda}=-x+\lambda$$

控制方程：

$$\frac{\partial H}{\partial u}=0,\quad u+\lambda=0$$

状态方程：

$$\dot{x}=\frac{\partial H}{\partial \lambda},\quad \dot{x}=-x+u$$

消除 u：

$$\begin{cases}\dot{\lambda}=-x+\lambda\\ \dot{x}=-x-\lambda\end{cases},\quad \begin{bmatrix}\dot{\lambda}\\ \dot{x}\end{bmatrix}=\begin{bmatrix}1 & -1\\ -1 & -1\end{bmatrix}\begin{bmatrix}\lambda\\ x\end{bmatrix}$$

$$x=\frac{1}{2\sqrt{2}}[(\sqrt{2}+1)\mathrm{e}^{-\sqrt{2}t}+(\sqrt{2}-1)\mathrm{e}^{\sqrt{2}t}]x(0)+\frac{1}{2\sqrt{2}}(\mathrm{e}^{-\sqrt{2}t}-\mathrm{e}^{\sqrt{2}t})\lambda(0)$$

$$\lambda=\frac{1}{2\sqrt{2}}(\mathrm{e}^{-\sqrt{2}t}+\mathrm{e}^{\sqrt{2}t})x(0)+\frac{1}{2\sqrt{2}}[(\sqrt{2}-1)\mathrm{e}^{-\sqrt{2}t}-(\sqrt{2}+1)\mathrm{e}^{\sqrt{2}t}]\lambda(0)$$

由边界条件 $x(0)=1$，$x(t_f)=0$，

$$\lambda(0)=\frac{(\sqrt{2}+1)\mathrm{e}^{-\sqrt{2}t_f}+(\sqrt{2}-1)\mathrm{e}^{\sqrt{2}t_f}}{\mathrm{e}^{\sqrt{2}t_f}-\mathrm{e}^{-\sqrt{2}t_f}}$$

得最优控制：

$$\begin{aligned}u&=-\lambda\\ &=-\frac{1}{2\sqrt{2}}\left\{\mathrm{e}^{-\sqrt{2}t}-\mathrm{e}^{\sqrt{2}t}+\frac{(\sqrt{2}+1)\mathrm{e}^{-\sqrt{2}t_f}+(\sqrt{2}-1)\mathrm{e}^{\sqrt{2}t_f}}{\mathrm{e}^{\sqrt{2}t_f}-\mathrm{e}^{-\sqrt{2}t_f}}[(\sqrt{2}-1)\mathrm{e}^{-\sqrt{2}t}+(\sqrt{2}+1)\mathrm{e}^{\sqrt{t}}]\right\}\end{aligned}$$

2. 初始时刻 t_0 及始端状态 $x(t_0)$ 给定，t_f 给定，终端约束

设终端约束方程为

$$M[x(t_f),t_f]=M[x(t_f)]=0,\quad M\in R^q \tag{2-56}$$

构造增广泛函：

$$\begin{aligned}J_a&=\theta[x(t_f)]+\boldsymbol{v}^{\mathrm{T}}M[x(t_f)]+\int_{t_0}^{t_f}\{F(x,u,t)+\boldsymbol{\lambda}^{\mathrm{T}}[f(x,u,t)-\dot{x}]\}\mathrm{d}t\\&=\theta[x(t_f)]+\boldsymbol{v}^{\mathrm{T}}M[x(t_f)]+\int_{t_0}^{t_f}\{H(x,u,\boldsymbol{\lambda},t)-\boldsymbol{\lambda}^{\mathrm{T}}\dot{x}]\}\mathrm{d}t\end{aligned}\tag{2-57}$$

式中，$\boldsymbol{v}\in R^q$。

$$\begin{aligned}\delta J_a=&\left[\frac{\partial\theta}{\partial x}+\left(\frac{\partial M}{\partial x}\right)^{\mathrm{T}}\boldsymbol{v}-\boldsymbol{\lambda}\right]^{\mathrm{T}}\delta x\,|_{t=t_f}+\\&\int_{t_0}^{t_f}\left[\left(\frac{\partial H}{\partial x}+\dot{\boldsymbol{\lambda}}\right)^{\mathrm{T}}\delta x+\left(\frac{\partial H}{\partial u}\right)^{\mathrm{T}}\delta u+\left(\frac{\partial H}{\partial\lambda}-x\right)^{\mathrm{T}}\delta\boldsymbol{\lambda}\right]\mathrm{d}t\\=&0\end{aligned}\tag{2-58}$$

J 取极值的必要条件为

正则方程：

$$\begin{cases}\dot{x}=\dfrac{\partial H}{\partial\lambda}, & \text{状态方程}\\ \dot{\lambda}=-\dfrac{\partial H}{\partial x}, & \text{欧拉方程}\end{cases}\tag{2-59}$$

控制方程：

$$\frac{\partial H}{\partial u}=0\tag{2-60}$$

边界条件和横截条件：

$$x(t_0)=x_0,\quad M[x(t_f)]=0,\quad \lambda(t_f)=\left[\frac{\partial\theta}{\partial x}+\left(\frac{\partial M}{\partial x}\right)^{\mathrm{T}}\boldsymbol{v}\right]\Bigg|_{t=t_f}\tag{2-61}$$

3. 初始时刻 t_0 及始端状态 $x(t_0)$ 给定，t_f 自由，终端约束

设终端约束为

$$M[x(t_f),t_f]=0\tag{2-62}$$

构造增广泛函：

$$J_a=\theta[x(t_f),t_f]+\boldsymbol{v}^{\mathrm{T}}M[x(t_f),t_f]+\int_{t_0}^{t_f}[H(x,u,\boldsymbol{\lambda},t)-\boldsymbol{\lambda}^{\mathrm{T}}x]\,\mathrm{d}t\tag{2-63}$$

由 $\delta J_a=0$ 得 J 取极值的必要条件为

正则方程：

$$\begin{cases}\dot{x}=\dfrac{\partial H}{\partial\lambda}\\ \dot{\lambda}=-\dfrac{\partial H}{\partial x}\end{cases}\tag{2-64}$$

控制方程：

$$\frac{\partial H}{\partial u}=0\tag{2-65}$$

边界条件和横截条件：

$$\begin{cases} x(t_0)=x_0, M[x(t_f),t_f]=0 \\ \lambda(t_f)=\left[\dfrac{\partial\theta}{\partial x}+\left(\dfrac{\partial M}{\partial x}\right)^{\mathrm{T}}\boldsymbol{v}\right]\Bigg|_{t=t_f} \\ \left(H+\dfrac{\partial\theta}{\partial t}+\boldsymbol{v}^{\mathrm{T}}\dfrac{\partial M}{\partial t}\right)\Bigg|_{t=t_f}=0 \end{cases} \tag{2-66}$$

用变分法求解最优解的必要条件：

性能指标：

$$J=\theta[x(t_f),t_f]+\int_{t_0}^{t_f}F(x,u,t)\mathrm{d}t \tag{2-67}$$

$$H(x,u,\boldsymbol{\lambda},t)=F(x,u,t)+\boldsymbol{\lambda}^{\mathrm{T}}f(x,u,t) \tag{2-68}$$

系统方程：

$$\dot{x}=f(x,u,t)$$

约束条件：

$$x(t_0)=x_0,\quad M[x(t_f),t_f]=0$$

正则方程：

$$\dot{x}=\frac{\partial H}{\partial\lambda},\quad \dot{\lambda}=-\frac{\partial H}{\partial x}$$

控制方程：

$$\frac{\partial H}{\partial u}=0$$

例 2-6：已知系统状态方程为 $\dot{x}=u(t)$，$x(0)=1$，求最优控制 $u^*(t)$，使性能指标 $J=\int_0^1 \mathrm{e}^{2t}(x^2+u^2)\mathrm{d}t$ 为最小。

解：本题为 t_f 给定、终端自由的情况，$H=\mathrm{e}^{2t}(x^2+u^2)+\lambda u$。

正则方程：

$$\dot{x}=\frac{\partial H}{\partial\lambda}$$

得：

$$\dot{x}=u$$

$$\dot{\lambda}=-\frac{\partial H}{\partial x},\quad \dot{\lambda}=-2x\mathrm{e}^{2t}$$

控制方程：

$$\frac{\partial H}{\partial u}=0$$

$$\lambda+2u\mathrm{e}^{2t}=0\rightarrow\dot{\lambda}=-2(2u+\dot{u})\mathrm{e}^{2t}-2x\mathrm{e}^{2t}=-2(2u+\dot{u})\mathrm{e}^{2t}$$

消除 u，

$$\ddot{x}+2\dot{x}-x=0$$

$$x(t)=c_1\mathrm{e}^{-(1+\sqrt{2})t}+c_2\mathrm{e}^{-(1-\sqrt{2})t}$$

$$u=\dot{x}=-(1+\sqrt{2})c_1\mathrm{e}^{-(1+\sqrt{2})t}-(1-\sqrt{2})c_2\mathrm{e}^{-(1-\sqrt{2})t}$$

边界条件与横截条件：

$$x(t_0)=x_0$$

$$\lambda(t_\mathrm{f})=\frac{\partial\theta}{\partial x(t_\mathrm{f})}\Rightarrow x(0)=1,\quad \lambda(1)=0$$

求得 $c_1=\dfrac{\sqrt{2}-1}{(\sqrt{2}-1)+(\sqrt{2}+1)\mathrm{e}^{-2\sqrt{2}}}$，$c_2=\dfrac{(\sqrt{2}+1)\mathrm{e}^{-2\sqrt{2}}}{(\sqrt{2}-1)+(\sqrt{2}+1)\mathrm{e}^{-2\sqrt{2}}}$。

例 2-7：设系统的状态方程为 $\dot{x}_1=x_2$，$\dot{x}_2=-x_2+u$，$x_1(0)=0$，$x_2(0)=0$，性能指标为 $J=\dfrac{1}{2}[x_1(2)-5]^2+\dfrac{1}{2}[x_2(2)-2]^2+\dfrac{1}{2}\displaystyle\int_0^2 u^2\mathrm{d}t$，终端约束条件为 $x_1(2)+5x_2(2)=15$，试求使 $J=\min$ 的最优控制。

解：本题为 $t_\mathrm{f}=2$ 给定、终端受约束的最优解问题。

$$H=\frac{1}{2}u^2+\lambda_1x_2+\lambda_2(-x_2+u)=\frac{1}{2}u^2+(\lambda_1-\lambda_2)x_2+\lambda_2u$$

$$\theta=\frac{1}{2}[x_1(2)-5]^2+\frac{1}{2}[x_2(2)-2]^2$$

$$M=x_1(2)+5x_2(2)-15=0$$

正则方程：

$$\dot{x}=\frac{\partial H}{\partial\lambda}\rightarrow\dot{x}_1=x_2,\quad \dot{x}_2=-x_2+u$$

$$\dot{\lambda}=-\frac{\partial H}{\partial x}\rightarrow\dot{\lambda}_1=-\frac{\partial H}{\partial x_1},\quad \dot{\lambda}_1=0,\quad \lambda_1(t)=c_1$$

$$\dot{\lambda}_2=-\frac{\partial H}{\partial x_2}=\lambda_2-\lambda_1,\quad \lambda_2(t)=c_2\mathrm{e}^t+c_1$$

$$H=\frac{1}{2}u^2+\lambda_1x_2+\lambda_2(-x_2+u)=\frac{1}{2}u^2+(\lambda_1-\lambda_2)x_2+\lambda_2u$$

$$\theta=\frac{1}{2}[x_1(2)-5]^2+\frac{1}{2}[x_2(2)-2]^2,\quad M=x_1(2)+5x_2(2)-15=0$$

控制方程：

$$\frac{\partial H}{\partial u}=0\rightarrow u+\lambda_2=0\rightarrow u(t)=-c_2\mathrm{e}^t-c_1$$

$$\dot{x}_2(t)=-x_2(t)+u,\quad x_2(t)=c_3\mathrm{e}^{-t}-\frac{1}{2}c_2\mathrm{e}^t-c_1$$

$$x_1(t)=-c_3\mathrm{e}^{-t}-\frac{1}{2}c_2\mathrm{e}^t-c_1t+c_4$$

边界条件和横截条件：

$$x(0)=0 \rightarrow -0.5c_2-c_3+c_4=0$$

$$-c_1-0.5c_2+c_3=0,\quad x_1(t)=-c_3e^{-t}-\frac{1}{2}c_2e^t-c_1t+c_4$$

$$x_2(t)=c_3e^{-t}-\frac{1}{2}c_2e^t-c_1$$

$$\theta=\frac{1}{2}[x_1(2)-5]^2+\frac{1}{2}[x_2(2)-2]^2$$

$$M=x_1(2)+5x_2(2)-15=0$$

$$\lambda_1(t_f)=\frac{\partial\theta}{\partial x_1(t_f)}+\left(\frac{\partial M}{\partial x_1(t_f)}\right)^{T}v(t_f)$$

$$\lambda_2(t_f)=\frac{\partial\theta}{\partial x_2(t_f)}+\left(\frac{\partial M}{\partial x_2(t_f)}\right)^{T}v(t_f)$$

$$\lambda_2(2)=x_2(2)-2+5v=c_2e^2+c_1$$

代入 $x_1(2)$和 $x_2(2)$得：

$$\begin{cases}-0.5c_2-c_3+c_4=0\\ -c_1-0.5c_2+c_3=0\\ -7c_1-3e^2c_2+4e^{-2}c_3+c_4=15 \leftarrow x_1(2)+5x_2(2)=15\\ -3c_1-0.5e^2c_2-e^{-2}c_3+c_4+v=5\\ -2c_1-1.5e^2c_2+e^{-2}c_3+5v=2\end{cases}$$

解得：$c_1=-0.73, c_2=-0.13$。因此，$u^*(t)=-c_2e^t+c_1=0.13e^t+0.73$。

例 2-8：设系统状态方程为 $\dot{x}=u$，边界条件为 $x(0)=1, x(t_f)=0$，确定最优控制 $u^*(t)$使 $J=t_f+\frac{1}{2}\int_0^{t_f}u^2\mathrm{d}t$ 为极小。

解：这是 t_f 自由、终端固定的最优解问题，$H=\frac{1}{2}u^2+\lambda u$。

正则方程：

$$\dot{x}=\frac{\partial H}{\partial\lambda}\rightarrow\dot{x}=u,\quad \dot{\lambda}=-\frac{\partial H}{\partial x}\rightarrow\dot{\lambda}=0\rightarrow\lambda=c_1$$

控制方程：

$$\frac{\partial H}{\partial u}=0\rightarrow u+\lambda=0\rightarrow u=-\lambda\ x=-c_1t+c_2$$

应用边界条件 $x(0)=1\rightarrow c_2=1$ 得：

$$H(t_f)=-\frac{\partial\theta}{\partial t_f}$$

$$\frac{1}{2}u^2(t_f)+\lambda(t_f)u(t_f)=-1,\quad \frac{1}{2}\lambda^2(t_f)-\lambda^2(t_f)=-1\rightarrow\lambda(t_f)=\sqrt{2}$$

$$c_1=\lambda=\sqrt{2},\quad u=-\sqrt{2}$$

$$x=-c_1(t)+c_2=-\sqrt{2}t+1$$

$$x(t_f)=0,\quad t_f=\frac{\sqrt{2}}{2},\quad u^*(t)=-\sqrt{2},\quad t_f^*=\frac{\sqrt{2}}{2}$$

例 2-9：设控制对象方程为 $\dot{x}=u$，$x(0)=x_0$，终端时刻 t_f 自由，终端固定 $x(t_f)=c_0$，求 $x^*(t)$ 和 $u^*(t)$ 使得 $J=\int_0^{t_f}(x^2+\dot{x}^2)\mathrm{d}t$ 为极小。

解：本题 t_f 自由、终端固定。

$$H=x^2+\dot{x}^2+\lambda u=x^2+u^2+\lambda u$$

$$\dot{x}=\frac{\partial H}{\partial \lambda}\rightarrow \dot{x}=u$$

$$\dot{\lambda}=-\frac{\partial H}{\partial x}\rightarrow \dot{\lambda}=-2x$$

$$\frac{\partial H}{\partial u}=0\rightarrow 2u+\lambda=0\rightarrow \lambda=-2u,\quad \dot{u}=x$$

$$\begin{cases}x=\dot{u}\\ \dot{x}=u\rightarrow \dot{u}=\ddot{x}\rightarrow \ddot{x}-\dot{x}=0\end{cases}$$

$$x(t)=c_1\mathrm{e}^t+c_2\mathrm{e}^{-t}$$

$$\dot{x}(t)=c_1\mathrm{e}^t-c_2\mathrm{e}^{-t}=u$$

由边界条件和横截条件：

$$x(0)=x_0,\quad H(t_f)=-\left[\frac{\partial \theta}{\partial t}\right]_{t_f}$$

$$\lambda=-2u,\quad x^2(t_f)+u^2(t_f)+\lambda(t_f)u(t_f)=0$$

$$x^2(t_f)=u^2(t_f)=\dot{x}^2(t_f)$$

$$[x(t_f)+\dot{x}(t_f)][x(t_f)-\dot{x}(t_f)]=0$$

$$c_1c_2=0,\quad \begin{cases}c_1+c_2=x_0\\ c_1\cdot c_2=0\end{cases}$$

故 $c_1=x_0$，$c_2=0$ 或 $c_1=0$，$c_2=x_0$。于是最优轨线和最优控制为：

(1) 当 $x_0<c_0$，$x^*(t)=x_0\mathrm{e}^t$ 时，有 $u^*(t)=\dot{x}^*(t)=x_0\mathrm{e}^t$；

(2) 当 $x_0>c_0$，$x^*(t)=x_0\mathrm{e}^{-t}$ 时，有 $u^*(t)=\dot{x}^*(t)=-x_0\mathrm{e}^{-t}$。

由 $x(t_f)=c_0$ 可求出终端时刻 t_f^*。

例 2-10：磁场控制的直流电动机如图 2-9 所示，数学模型如下：

$$\dot{x}=\begin{bmatrix}0&1\\0&0\end{bmatrix}x+\begin{bmatrix}0\\1\end{bmatrix}u_f,\quad \boldsymbol{y}=\boldsymbol{\theta}=\begin{bmatrix}\frac{k_f}{\tau}&0\end{bmatrix}x$$

边界条件为

$$\boldsymbol{x}(0)=\begin{bmatrix}x_1(0)\\x_2(0)\end{bmatrix}=\begin{bmatrix}\xi_0\\0\end{bmatrix},\quad \boldsymbol{x}(t_1)=\begin{bmatrix}0\\0\end{bmatrix}$$

t_1 给定性能指标 $J=\int_0^{t_1}u_f^2\mathrm{d}t$，试求在 t_1 时间内由 $x(0)$转移到 $x(t_1)$，并使控制能量具有极小值时的控制输入(励磁电压)励磁电压 u_f^*、最优性能指标 J^* 和最优轨线 $x(t)^*$。

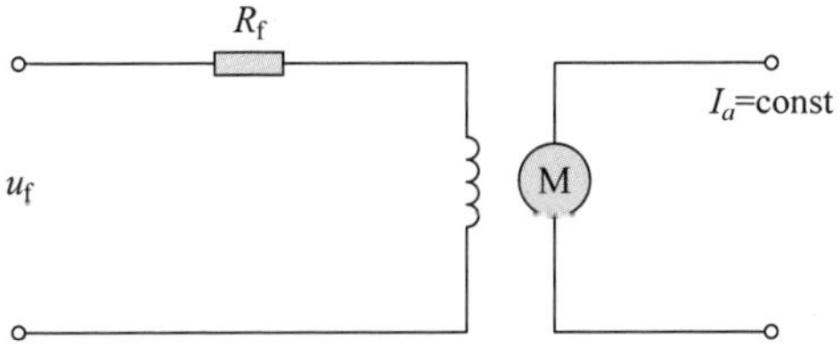

图 2-9　直流电动机示意图

解：这是 t_f 给定、$x(t_f)$固定的最优控制问题。

$$H=u_f^2+\lambda_1\dot{x}_1+\lambda_2\dot{x}_2=u_f^2+\lambda_1x_2+\lambda_2u_f$$

正则方程：

$$\dot{\lambda}_1=-\frac{\partial H}{\partial x_1}=0\rightarrow\lambda_1=c_1$$

$$\dot{\lambda}_2=-\frac{\partial H}{\partial x_2}=-\lambda_1\rightarrow\lambda_2=-c_1t+c_2$$

控制方程：

$$\frac{\partial H}{\partial u_f}=0,\quad 2u_f+\lambda_2=0\rightarrow u_f=\frac{1}{2}c_1t-\frac{1}{2}c_2$$

代入状态方程得：

$$\begin{cases}x_2(t)=\int u_f(t)\mathrm{d}t=\frac{1}{4}c_1t^2-\frac{1}{2}c_2t+c_3\\x_1(t)=\int x_2(t)\mathrm{d}t=\frac{1}{12}c_1t^3-\frac{1}{4}c_2t^2+c_3t+c_4\end{cases}$$

代入给定边界条件 $c_1=\frac{24\xi_0}{t_1^3}$，$c_2=\frac{12\xi_0}{t_1^2}$，$c_3=0$，$c_4=\xi_0$，则最优控制为

$$\begin{cases}u_f^*=\frac{1}{2}c_1t-\frac{1}{2}c_2\\u_f^*=\frac{12\xi_0}{t_1^3}t-\frac{6\xi_0}{t_1^2}\end{cases}$$

最优性能指标：

$$J^*=\int_0^{t_1}u_f^{*2}\mathrm{d}t=\frac{12\xi_0^2}{t_1^3}$$

最优轨线：

$$\begin{cases} x_1^* = \dfrac{2\xi_0}{t_1^3}t^3 - \dfrac{3\xi_0}{t_1^2}t^2 + \xi_0 \\ x_2^* = \dfrac{6\xi_0}{t_1^3}t^2 - \dfrac{6\xi_0}{t_1^2}t \end{cases}$$

2.5.2 应用实例

火箭在自由空间里的运动作用可用微分方程 $\ddot{\theta}(t)=u(t)$ 来描述。式中，$u(t)$ 为推力，$\theta(t)$ 为角位移。令 $x_1(t)=\theta(t)$，$x_2(t)=\dot{\theta}(t)$，则状态方程为 $\begin{cases}\dot{x}_1=x_2\\ \dot{x}_2=u\end{cases}$，试求控制函数 $u(t)$，使系统从初始状态 $x_1(0)=\theta(0)=1$，$x_2(0)=\dot{\theta}(0)=1$ 经过 $t=2\text{s}$ 转移到状态空间原点 $x_1(2)=\theta(2)=0$，$x_2(2)=\dot{\theta}(2)=0$ 的同时，使性能指标 $J=\dfrac{1}{2}\int_0^2 u^2(t)\mathrm{d}t$ 取得最小。

解：该问题属于终端固定的极值问题。因此，选择拉格朗日乘子 $\lambda(t)=[\lambda_1(t),\lambda_2(t)]^{\tau}$，利用拉格朗日乘子法可得辅助泛函指标：

$$J_1=\int_{t_0}^{t_f} H(t,x(t),\dot{x}(t),u(t),\lambda(t))\,\mathrm{d}t$$

式中，

$$H(t,x,\dot{x},u,\lambda)=\frac{1}{2}u^2+\lambda_1(x_2-\dot{x}_1)+\lambda_2(u-\dot{x}_2)$$

其中，状态变量 $x(t)$、控制函数 $u(t)$ 和拉格朗日乘子 $\lambda(t)$ 都为该泛函的宗量。

以上泛函宗量满足欧拉方程：

$$\begin{cases} \dfrac{\partial H}{\partial x_1}-\dfrac{\mathrm{d}}{\mathrm{d}t}\dfrac{\partial H}{\partial \dot{x}_1}=0 \\ \dfrac{\partial H}{\partial x_2}-\dfrac{\mathrm{d}}{\mathrm{d}t}\dfrac{\partial H}{\partial \dot{x}_2}=0 \\ \dfrac{\partial H}{\partial u}-\dfrac{\mathrm{d}}{\mathrm{d}t}\dfrac{\partial H}{\partial \dot{u}}=0 \\ \dfrac{\partial H}{\partial \lambda_1}-\dfrac{\mathrm{d}}{\mathrm{d}t}\dfrac{\partial H}{\partial \dot{\lambda}_1}=0 \\ \dfrac{\partial H}{\partial \lambda_2}-\dfrac{\mathrm{d}}{\mathrm{d}t}\dfrac{\partial H}{\partial \dot{\lambda}_2}=0 \end{cases} \rightarrow \begin{cases} \dot{\lambda}_1(t)=0 \\ \dot{\lambda}_2(t)=-\lambda_1(t) \\ u(t)=-\lambda_2(t) \\ \dot{x}_1(t)=x_2(t) \\ \dot{x}_2(t)=u(t) \end{cases}$$

对上述欧拉方程联立求解可得：

$$\begin{cases}\lambda_1(t)=c_1\\ \lambda_2(t)=-\int\lambda_1(t)\mathrm{d}t=-c_1t+c_2\\ u(t)=c_1t-c_2\\ x_2(t)=\int u(t)\mathrm{d}t=\dfrac{1}{2}c_1t^2-c_2t+c_3\\ x_1(t)=\int x_2(t)\mathrm{d}t=\dfrac{1}{6}c_1t^3-\dfrac{1}{2}c_2t^2+c_3t+c_4\end{cases}$$

根据边界条件可解得：$c_1=3,c_2=-\dfrac{7}{2},c_3=1,c_4=1$。因此，最优控制函数和状态的最优轨线为

$$\begin{cases}u^*(t)=3t-\dfrac{7}{2}\\ \theta^*(t)=x_1^*(t)=\dfrac{1}{2}t^3-\dfrac{7}{4}t^2+t+1\\ \dot{\theta}^*(t)=x_2^*(t)=\dfrac{3}{2}t^2-\dfrac{7}{2}t+1\end{cases}$$

最优控制问题是现代科学技术中经常遇到的问题，而这类问题可以归结为泛函极值问题。“一个质点在重力的作用下，从一个给定点到不在它垂直下方的另一个点，如果不计摩擦，沿着什么曲线下滑所需的时间最短”即最速降线问题，最早在1630年被伽利略提出，1969年瑞士数学家约翰·伯努利解决了这一问题。最速降线问题是历史上第一个出现的变分法问题，是变分法的一个发展标志。而变分法是研究泛函极值的一种经典数学方法，也是动态系统求解最优控制问题的有效方法之一。

变分法适用于求解控制域为开集的问题，常采用拉格朗日乘子法并引入哈密顿函数，将有约束泛函极值问题转化为无约束泛函极值问题进行求解。本章对使用变分法求解最优控制问题的原理进行了介绍。

习题

1. 变分法理论的发展

请简要解释变分法的基本概念和发展历程，并指出其在最优控制中的应用。

2. 函数极值问题

求函数 $f(x,y)=x^2+y^2-4x+6y+10$ 的极值。

3. 泛函与变分的基本概念

(1) 定义泛函，并举一个具体的例子。

(2) 解释变分的概念，并说明其在泛函分析中的作用。

4.无条件泛函极值的变分原理

利用变分法求解以下无条件泛函的极值。泛函的形式为

$$J[y]=\int_a^b F(x,y,y')\mathrm{d}x$$

其中,$F(x,y,y')=y'^2-2y$,求使得 $J[y]$取得极值的 $y(x)$。

5. 具有终端性能指标的泛函

求解以下具有终端性能指标的泛函极值问题。泛函的形式为

$$J[y]=\int_0^T (y'^2+ky)\mathrm{d}t+\phi(y(T))$$

其中,k 是常数,$\phi(y(T))$是 $y(T)$的终端性能指标,求使得 $J[y]$取得极值的 $y(t)$。

6. 有约束条件的泛函极值问题

利用拉格朗日乘数法求解以下泛函极值问题。泛函的形式为

$$J[y]=\int_0^1 (y'^2,y^2)\mathrm{d}x$$

其中,约束条件为 $\int_0^1 y\mathrm{d}x=1$,求使得 $J[y]$ 取得极值的 $y(x)$。

7. 函数微分与泛函变分的比较

请解释函数微分与泛函变分的区别,并通过具体例子说明二者的不同应用场景。

8. 应用实例

考虑以下实际问题:一个物体从高处自由下落,忽略空气阻力,求其运动路径使得落地时间最短。

(1) 建立泛函模型;

(2) 利用变分法求解其最优路径。

第 3 章

极小值原理及其应用

第 2 章主要介绍了变分法的基本概念及如何使用经典变分法求解最优控制问题。在用古典变分法解决问题时存在一定的限制，即控制系统的控制策略不受约束，且控制量是连续、无界的。但是在实际的物理系统中，控制系统的输入是有界的。

针对古典变分法的限制，庞特里亚金提出了极小值原理。极小值原理是现代控制理论的重要组成部分，为控制受约束情况的优化问题提供了有效的求解方法，极大地拓展了变分法的应用范围。与变分法相比，极小值原理在求解过程中引入了一个约束条件，即控制的输入是受限的，且这个条件仅影响正则方程中 Hamilton 函数对控制输入的偏微分。极小值原理是解决控制和状态受约束下的最优控制问题的有力工具。本章介绍了连续时间系统、离散时间系统中的极小值原理及与极小值原理相关的应用。

值得一提的是，在最优控制和博弈论中，极小值原理扮演着至关重要的角色。这两者都涉及决策优化问题，但它们的应用和目标有些不同。在复杂系统中，极小值原理帮助解决如何在动态环境中进行优化决策，而博弈论提供了应对多主体互动的方法。将二者结合，可以更全面地解决涉及多个决策者和复杂动态的实际问题。

3.1 连续时间系统的极小值原理

用古典变分法解最优控制问题时，假定 $u(t)$ 不受限制，从而得到最优控制应满足 $\frac{\partial H}{\partial u}=0$。实际上在工程问题中，控制变量总有一定的限制。

设控制变量被限制在某一闭集内 $u\in\Omega$，即 $u(t)$ 满足 $G[x(t),u(t),t]\geqslant 0$，限制条件的 $u(t)$ 称为容许控制，由于 δu 不能是任意的，$\frac{\partial H}{\partial u}=0$ 的条件已不存在。

设系统状态方程为

$$\dot{x}(t)=f[x(t),u(t),t]$$

初始条件：

$$x(t_0)=x(0),\quad x\in R^n,\quad u\in\Omega\in R^p$$

Ω 为有界闭集，不等式约束为

$$G[x(t),u(t),t]\geqslant 0$$

其中，G 为 m 维连续可微的向量函数，$m\leqslant p$。系统从 x_0 转移到终端状态 $x(t_f)$，t_f 未给定，终端状态 $x(t_f)$满足等式约束 $M[x(t_f),t_f]=0$，M 为 q 维连续可微向量函数，$q\leqslant n$。

性能指标：

$$J=\theta[x(t_f),t_f]+\int_{t_0}^{t_f}F[x(t),u(t),t]\,\mathrm{d}t$$

最优控制问题就是要寻找最优容许控制 $u(t)$使 J 为极小。

令

$$\dot{\omega}(t)=u(t),\quad \omega(t_0)=0$$

$$Z^{\mathrm{T}}(t)=[z_1(t),z_2(t),\cdots,z_m(t)]$$

且

$$[\dot{Z}(t)]^2=G[x(t),u(t),t],Z(t_0)=0$$

于是，系统方程为

$$\begin{cases}\dot{x}=f(x,\dot{\omega},t)\\ \dot{Z}^2=G(x,\dot{\omega},t)\\ x(t_0)=x_0,\quad Z(t_0)=0,\quad \omega(t_0)=0\end{cases}\tag{3-1}$$

终端时刻 t_f 未给定，终端约束 $M[x(t_f),t_f]=0$，要求确定最优控制 $u=\dot{\omega}$ 使性能指标

$$J=\theta[x(t_f),t_f]+\int_{t_0}^{t_f}F[x(t),\dot{\omega}(t),t]\,\mathrm{d}t\tag{3-2}$$

为极小。

引入拉格朗日乘子向量$\boldsymbol{\lambda}$ 及$\boldsymbol{\Gamma}$，写出增广性能指标泛函：

$$J_a=\theta[x(t_f),t_f]+\boldsymbol{v}^{\mathrm{T}}M[x(t_f),t_f]+\int_{t_0}^{t_f}\{F[x(t),\dot{\omega}(t),t]+\boldsymbol{\lambda}^{\mathrm{T}}[f(x,\dot{\omega},t)-\dot{x}]+\boldsymbol{\Gamma}^{\mathrm{T}}[G(x,\dot{\omega},t)-\dot{Z}^2]\}\mathrm{d}t\tag{3-3}$$

令 Hamilton 函数为

$$H(x,\dot{\omega},\boldsymbol{\lambda},t)=F(x,\dot{\omega},t)+\boldsymbol{\lambda}^{\mathrm{T}}f(x,\dot{\omega},t)\tag{3-4}$$

拉格朗日纯量函数为

$$\Phi(x,\dot{x},\dot{\omega},\dot{z},\lambda,\boldsymbol{\Gamma},t)=H(x,\dot{\omega},\boldsymbol{\lambda},t)-\boldsymbol{\lambda}^{\mathrm{T}}\dot{x}+\boldsymbol{\Gamma}^{\mathrm{T}}[G(x,\dot{\omega},t)-\dot{Z}^2]\tag{3-5}$$

则

$$J_a=\theta[x(t_f),t_f]+\boldsymbol{v}^{\mathrm{T}}M[x(t_f),t_f]+\int_{t_0}^{t_f}\Phi(x,\dot{x},\dot{\omega},\dot{z},\lambda,\boldsymbol{\Gamma},t)\,\mathrm{d}t \tag{3-6}$$

对 J_a 取一阶变分得：

$$\begin{aligned}\delta J_a=&\left(\Phi+\frac{\partial\theta}{\partial t}+\boldsymbol{v}^{\mathrm{T}}\frac{\partial M}{\partial t}\right)_{t=t_f^*}\delta t_f+\\&\left[\left(\frac{\partial\theta}{\partial x}\right)^{\mathrm{T}}+\boldsymbol{v}^{\mathrm{T}}\frac{\partial M}{\partial x}\right]_{t=t_f^*}\delta x(t_f^*)+\\&\int_{t_0}^{t_f^*}\left[\left(\frac{\partial\Phi}{\partial x}-\frac{\mathrm{d}}{\mathrm{d}t}\frac{\partial\Phi}{\partial\dot{x}}\right)\delta x-\left(\frac{\mathrm{d}}{\mathrm{d}t}\frac{\partial\Phi}{\partial\dot{\omega}}\right)^{\mathrm{T}}\delta\omega-\left(\frac{\mathrm{d}}{\mathrm{d}t}\frac{\partial\Phi}{\partial\dot{z}}\right)^{\mathrm{T}}\delta z\right]\mathrm{d}t\end{aligned} \tag{3-7}$$

令 $\delta J_a=0$ 可得增广性能指标泛函取极值的必要条件为

欧拉方程：

$$\begin{cases}\dfrac{\partial\Phi}{\partial x}-\dfrac{\mathrm{d}}{\mathrm{d}t}\dfrac{\partial\Phi}{\partial\dot{x}}=0\\[2ex]\dfrac{\mathrm{d}}{\mathrm{d}t}\dfrac{\partial\Phi}{\partial\dot{\omega}}=0\\[2ex]\dfrac{\mathrm{d}}{\mathrm{d}t}\dfrac{\partial\Phi}{\partial\dot{z}}=0\end{cases} \tag{3-8}$$

横截条件：

$$\begin{cases}\left[\Phi-\left(\dfrac{\partial\Phi}{\partial\dot{x}}\right)^{\mathrm{T}}\dot{x}+\dfrac{\partial\theta}{\partial t}+\boldsymbol{v}^{\mathrm{T}}\dfrac{\partial M}{\partial t}\right]_{t=t_f^*}=0\\[2ex]\left[\dfrac{\partial\theta}{\partial x}+\left(\dfrac{\partial M}{\partial x}\right)^{\mathrm{T}}\boldsymbol{v}+\dfrac{\partial\Phi}{\partial\dot{x}}\right]_{t=t_f^*}=0\\[2ex]\left.\dfrac{\partial\Phi}{\partial\dot{\omega}}\right|_{t=t_f^*}=0,\quad\left.\dfrac{\partial\Phi}{\partial\dot{z}}\right|_{t=t_f^*}=0\end{cases} \tag{3-9}$$

将 φ 的表达式代入欧拉方程：

$$\dot{\lambda}=-\frac{\partial H}{\partial x}-\left(\frac{\partial G}{\partial x}\right)^{\mathrm{T}}\boldsymbol{\Gamma}$$

$$\frac{\mathrm{d}}{\mathrm{d}t}\frac{\partial\Phi}{\partial\dot{\omega}}=0,\quad\frac{\mathrm{d}}{\mathrm{d}t}\frac{\partial\Phi}{\partial\dot{z}}=0$$

横截条件：

$$\begin{aligned}H(t_f^*)&=\left(-\frac{\partial\theta}{\partial t}-\boldsymbol{v}^{\mathrm{T}}\frac{\partial M}{\partial t}\right)_{t=t_f^*}\\\lambda(t_f^*)&=\left(\frac{\partial\theta}{\partial x}+\left(\frac{\partial M}{\partial x}\right)^{\mathrm{T}}\boldsymbol{v}\right)_{t=t_f^*}\end{aligned} \tag{3-10}$$

由欧拉方程和横截条件知最优轨线：

$$\frac{\partial\Phi}{\partial\dot{\omega}}=\frac{\partial\Phi}{\partial\dot{z}}=0\quad\Rightarrow\quad\frac{\partial\Phi}{\partial\dot{\omega}^*}=\frac{\partial\Phi}{\partial\dot{z}^*}=0 \tag{3-11}$$

以上为使性能指标 J_a 取极值的必要条件。为使性能指标为极小，还必须满足维尔斯特拉斯函数沿最优轨线非负的条件，即

$$E=\Phi(x^*,\dot{x},\dot{\omega},\dot{z},\lambda^*,\Gamma^*,t)-\Phi(x^*,\dot{x}^*,\dot{\omega}^*,\dot{z}^*,\lambda^*,\Gamma^*,t)-\left(\frac{\partial\Phi}{\partial\dot{x}}\right)^{\mathrm{T}}(\dot{x}-\dot{x}^*)-\left(\frac{\partial\Phi}{\partial\dot{\omega}^*}\right)(\dot{\omega}-\dot{\omega}^*)-\left(\frac{\partial\Phi}{\partial\dot{z}^*}\right)(\dot{z}-\dot{z}^*)\geqslant 0 \tag{3-12}$$

$$\begin{aligned}E&=\Phi(x^*,\dot{x},\dot{\omega},\dot{z},\lambda^*,\Gamma^*,t)+\boldsymbol{\lambda}^{*\mathrm{T}}\dot{x}-[\Phi(x^*,\dot{x},\dot{\omega},\dot{z},\boldsymbol{\lambda}^*,\Gamma^*,t)+\boldsymbol{\lambda}^*\dot{x}^*]\\&=H(x^*,\boldsymbol{\lambda}^*,\dot{\omega},t)-H(x^*,\boldsymbol{\lambda}^*,\dot{\omega}^*,t)\geqslant 0\end{aligned} \tag{3-13}$$

即

$$H(x^*,\boldsymbol{\lambda}^*,u,t)\geqslant H(x^*,\boldsymbol{\lambda}^*,u^*,t) \tag{3-14}$$

式(3-14)表明，沿最优轨线函数 H 相对最优控制 $u^*(t)$ 取绝对极小值，这是极小值原理的一个重要结论。

$$\begin{aligned}\frac{\partial\Phi}{\partial\dot{\omega}}=0&\Rightarrow\frac{\partial H}{\partial\dot{\omega}}+\left(\frac{\partial G}{\partial\dot{\omega}}\right)^{\mathrm{T}}\boldsymbol{\Gamma}=0\\&\Rightarrow\frac{\partial H}{\partial u}=-\left(\frac{\partial G}{\partial u}\right)^{\mathrm{T}}\boldsymbol{\Gamma}\end{aligned} \tag{3-15}$$

式(3-15)表明，在有不等式约束的情况下，沿最优轨线 $\frac{\partial H}{\partial u}=0$ 不再成立。

定理(极小值原理)：

设系统的状态方程为 $\dot{x}(t)=f[x(t),u(t),t]$，控制 $u(t)$ 是有第一类间断点的分段连续函数，属于 p 维空间中的有界闭集 Ω，满足不等式约束：

$$G[x(t),u(t),t]\geqslant 0 \tag{3-16}$$

在终端时刻 t_{f} 未知的情况下，为使状态自初态 $x(t_0)=x_0$ 转移到满足边界条件 $M[x(t_{\mathrm{f}}),t_{\mathrm{f}}]=0$ 的终态，并使性能指标

$$J=\theta[x(t_{\mathrm{f}}),t_{\mathrm{f}}]+\int_{t_0}^{t_{\mathrm{f}}}F[x(t),u(t),t]\,\mathrm{d}t \tag{3-17}$$

达极小值，设 Hamilton 函数为

$$H=F(x,u,t)+\boldsymbol{\lambda}^{\mathrm{T}}f(x,u,t) \tag{3-18}$$

则最优控制 $u^*(t)$、最优轨线 $x^*(t)$ 和最优伴随向量 $\lambda^*(t)$ 必须满足下列条件：

(1) 沿最优轨线满足正则方程：

$$\begin{cases}\dot{x}=\dfrac{\partial H}{\partial\lambda}\\[2ex]\dot{\lambda}=-\dfrac{\partial H}{\partial x}-\left(\dfrac{\partial G}{\partial x}\right)^{\mathrm{T}}\boldsymbol{\Gamma}\end{cases} \tag{3-19}$$

其中，$\boldsymbol{\Gamma}$ 是与时间 t 无关的拉格朗日乘子向量，其维数与 G 相同，若 G 中不包含 x，则

$$\dot{\lambda}=-\frac{\partial H}{\partial x}$$

(2) 横截条件及边界条件：

$$
\begin{cases}
\lambda(t_{\mathrm{f}})=\left[\dfrac{\partial\theta}{\partial x}+\left(\dfrac{\partial M}{\partial x}\right)^{\mathrm{T}}v\right]_{t=t_{\mathrm{f}}} \\
\left[H(x,u,\lambda,t)+\dfrac{\partial\theta}{\partial t}+\left(\dfrac{\partial M}{\partial t}\right)^{\mathrm{T}}v\right]_{t=t_{\mathrm{f}}}=0 \\
x(t_0)=x_0 \\
M[x(t_{\mathrm{f}}),t_{\mathrm{f}}]=0
\end{cases}
\tag{3-20}
$$

(3) 在最优轨线 $x^*(t)$ 上与最优控制 $u^*(t)$ 相对应的 H 函数取绝对极小值，即

$$H(x^*,\lambda^*,u^*,t)\leqslant H(x^*,\lambda^*,u,t) \tag{3-21}$$

并且沿最优轨线，式(3-22)成立：

$$\frac{\partial H}{\partial u}=-\left(\frac{\partial G}{\partial u}\right)^{\mathrm{T}}\boldsymbol{\Gamma} \tag{3-22}$$

上述条件与不等式约束下的最优控制的必要条件相比，横截条件及端点边界条件没有改变，仅 $\dfrac{\partial H}{\partial u}=0$ 这一条件不成立，而代之以与最优控制相对应的函数为绝对极小；其次是正则方程略有改变，仅当 G 中不包含 x 时，方程才不改变。

当 t_0 和 $x(t_0)$ 给定时，根据 t_{f} 给定或自由、$x(t_{\mathrm{f}})$ 给定、自由或受约束等不同情况下所导出的最优解必要条件见表 3-1 及表 3-2。

表 3-1　终端约束下的最优解必要条件列表

<table>
<tr><th></th><th>性能指标</th><th>终端状态</th><th>正则方程</th><th>极值条件</th><th>边界条件与横截条件</th></tr>
<tr><td rowspan="3">t_{f} 给定</td><td rowspan="3">$J=\theta[x(t_{\mathrm{f}})]+\int_{t_0}^{t_{\mathrm{f}}}F[x,u,t]\mathrm{d}t$</td><td>固定</td><td rowspan="3">$\dot{x}=\dfrac{\partial H}{\partial\lambda}$
$\dot{\lambda}=-\dfrac{\partial H}{\partial x}-\left(\dfrac{\partial G}{\partial x}\right)^{\mathrm{T}}\boldsymbol{\Gamma}$
$H=F(x,u,t)+\boldsymbol{\lambda}^{\mathrm{T}}f(x,u,t)$
若 $G(u,t)\geqslant0$，则
$\dot{\lambda}=-\dfrac{\partial H}{\partial x}$</td><td rowspan="3">$H^*=\min\limits_{u\in\Omega}H$
$[H^*=H(x^*,u^*,\lambda^*,t)$，
$H=H(x^*,u,\lambda^*,t)]$</td><td>$x(t_0)=x_0$
$x(t_{\mathrm{f}})=x_{\mathrm{f}}$</td></tr>
<tr><td>自由</td><td>$x(t_0)=x_0$
$\lambda(t_{\mathrm{f}})=\dfrac{\partial\theta}{\partial x(t_{\mathrm{f}})}$</td></tr>
<tr><td>约束</td><td>$x(t_0)=x_0$
$M[x(t_{\mathrm{f}})]=0$
$\lambda(t_{\mathrm{f}})=$
$\left[\dfrac{\partial\theta}{\partial x}+\left(\dfrac{\partial M}{\partial x}\right)^{\mathrm{T}}v\right]_{t_{\mathrm{f}}}$</td></tr>
</table>

续表

<table>
<tr><th></th><th>性能指标</th><th>终端状态</th><th>正则方程</th><th>极值条件</th><th>边界条件与横截条件</th></tr>
<tr><td rowspan="6">t_{f} 给定</td><td rowspan="3">$J=\int_{t_0}^{t_{\mathrm{f}}} F[x,u,t]\,\mathrm{d}t$</td><td>固定</td><td rowspan="3">$\dot{x}=\frac{\partial H}{\partial \lambda}$
$\dot{\lambda}=-\frac{\partial H}{\partial x}-\left(\frac{\partial G}{\partial x}\right)^{\mathrm{T}}\boldsymbol{\Gamma}$
$H=F(x,u,t)+\boldsymbol{\lambda}^{\mathrm{T}}f(x,u,t)$
若 $G(u,t)\geqslant 0$,则
$\dot{\lambda}=-\frac{\partial H}{\partial x}$</td><td rowspan="3">$H^{*}=\min_{u\in\Omega}H$
$[H^{*}=H(x^{*},u^{*},\lambda^{*},t)$,
$H=H(x^{*},u,\lambda^{*},t)]$</td><td>$x(t_0)=x_0$
$x(t_{\mathrm{f}})=x_{\mathrm{f}}$</td></tr>
<tr><td>自由</td><td>$x(t_0)=x_0$
$\lambda(t_{\mathrm{f}})=0$</td></tr>
<tr><td>约束</td><td>$x(t_0)=x_0$
$M[x(t_{\mathrm{f}})]=0$
$\lambda(t_{\mathrm{f}})=\left[\left(\frac{\partial M}{\partial x}\right)^{\mathrm{T}}v\right]_{t_{\mathrm{f}}}$</td></tr>
<tr><td rowspan="3">$J=\theta[x(t_{\mathrm{f}})]$</td><td>固定</td><td rowspan="3">$\dot{x}=\frac{\partial H}{\partial \lambda}$
$\dot{\lambda}=-\frac{\partial H}{\partial x}-\left(\frac{\partial G}{\partial x}\right)^{\mathrm{T}}\boldsymbol{\Gamma}$
$H=F(x,u,t)+\boldsymbol{\lambda}^{\mathrm{T}}f(x,u,t)$
若 $G(u,t)\geqslant 0$,则
$\dot{\lambda}=-\frac{\partial H}{\partial x}$</td><td rowspan="3">$H^{*}=\min_{u\in\Omega}H$
$[H^{*}=H(x^{*},u^{*},\lambda^{*},t)$,
$H=H(x^{*},u,\lambda^{*},t)]$</td><td>$x(t_0)=x_0$
$x(t_{\mathrm{f}})=x_{\mathrm{f}}$</td></tr>
<tr><td>自由</td><td>$x(t_0)=x_0$
$\lambda(t_{\mathrm{f}})=\frac{\partial\theta}{\partial x(t_{\mathrm{f}})}$</td></tr>
<tr><td>约束</td><td>$x(t_0)=x_0$
$M[x(t_{\mathrm{f}})]=0$
$\lambda(t_{\mathrm{f}})=$
$\left[\frac{\partial\theta}{\partial x}+\left(\frac{\partial M}{\partial x}\right)^{\mathrm{T}}v\right]_{t_{\mathrm{f}}}$</td></tr>
</table>

表 3-2 终端自由下的最优解必要条件列表

<table>
<tr><th></th><th>性能指标</th><th>终端状态</th><th>正则方程</th><th>极值条件</th><th>边界条件与横截条件</th></tr>
<tr><td rowspan="6">t_f 自由</td><td rowspan="3">$J=\theta[x(t_f)]+\int_{t_0}^{t_f}F[x,u,t]\mathrm{d}t$</td><td>固定</td><td rowspan="3">$\dot{x}=\frac{\partial H}{\partial\lambda}$
$\dot{\lambda}=-\frac{\partial H}{\partial x}-\left(\frac{\partial G}{\partial x}\right)^{\mathrm{T}}\boldsymbol{\Gamma}$
$H=F(x,u,t)+\boldsymbol{\lambda}^{\mathrm{T}}f(x,u,t)$</td><td rowspan="3">$H^*=\min\limits_{u\in\Omega}H$
$[H^*=H(x^*,u^*,\lambda^*,t),$
$H=H(x^*,u,\lambda^*,t)]$</td><td>$x(t_0)=x_0$
$x(t_f)=x_f$
$H(t_f)=-\frac{\partial\theta}{\partial t_f}$</td></tr>
<tr><td>自由</td><td>$x(t_0)=x_0$
$\lambda(t_f)=\frac{\partial\theta}{\partial x(t_f)}$
$H(t_f)=-\frac{\partial\theta}{\partial t_f}$</td></tr>
<tr><td>约束</td><td>$x(t_0)=x_0$
$M[x(t_f),t_f]=0$
$\lambda(t_f)=\left[\frac{\partial\theta}{\partial x}+\left(\frac{\partial M}{\partial x}\right)^{\mathrm{T}}v\right]_{t_f}$
$H(t_f)=-\left[\frac{\partial\theta}{\partial t}+\left(\frac{\partial M}{\partial t}\right)^{\mathrm{T}}v\right]_{t_f}$</td></tr>
<tr><td rowspan="3">$J=\int_{t_0}^{t_f}F[x,u,t]\mathrm{d}t$</td><td>固定</td><td rowspan="3">$\dot{x}=\frac{\partial H}{\partial\lambda}$
$\dot{\lambda}=-\frac{\partial H}{\partial x}-\left(\frac{\partial G}{\partial x}\right)^{\mathrm{T}}\boldsymbol{\Gamma}$
$H=F(x,u,t)+\boldsymbol{\lambda}^{\mathrm{T}}f(x,u,t)$</td><td rowspan="3">$H^*=\min\limits_{u\in\Omega}H$
$[H^*=H(x^*,u^*,\lambda^*,t),$
$H=H(x^*,u,\lambda^*,t)]$</td><td>$x(t_0)=x_0$
$x(t_f)=x_f$
$H(t_f)=0$</td></tr>
<tr><td>自由</td><td>$x(t_0)=0$
$\lambda(t_f)=0$
$H(t_f)=0$</td></tr>
<tr><td>约束</td><td>$x(t_0)=x_0$
$M[x(t_f),t_f]=0$
$\lambda(t_f)=\left[\left(\frac{\partial M}{\partial x}\right)^{\mathrm{T}}v\right]_{t_f}$
$H(t_f)=-\left[\left(\frac{\partial M}{\partial t}\right)^{\mathrm{T}}v\right]_{t_f}$</td></tr>
</table>

续表

	性能指标	终端状态	正则方程	极值条件	边界条件与横截条件
t_f 自由	$J=\theta[x(t_f)]$	固定	$\dot{x}=\frac{\partial H}{\partial \lambda}$ $\dot{\lambda}=-\frac{\partial H}{\partial x}-\left(\frac{\partial G}{\partial x}\right)^{\mathrm{T}}\boldsymbol{\Gamma}$ $H=\lambda^{\mathrm{T}}f(x,u,t)$	$H^*=\min\limits_{u\in\Omega}H$ $[H^*=H(x^*,u^*,\lambda^*,t)$, $H=H(x^*,u,\lambda^*,t)]$	$x(t_0)=x_0$ $x(t_f)=x_f$ $H(t_f)=-\frac{\partial\theta}{\partial t_f}$
		自由			$x(t_0)=x_0$ $\lambda(t_f)=\frac{\partial\theta}{\partial x(t_f)}$
		约束			$x(t_0)=x_0$ $M[x(t_f),t_f]=0$ $\lambda(t_f)=\left[\frac{\partial\theta}{\partial x}+\left(\frac{\partial M}{\partial x}\right)^{\mathrm{T}}v\right]_{t_f}$ $H(t_f)=-\left[\frac{\partial\theta}{\partial t}+\left(\frac{\partial M}{\partial t}\right)^{\mathrm{T}}v\right]_{t_f}$

例 3-1：设宇宙飞船质量为 m，高度为 h，垂直速度为 v，发动机推力为 u，月球表面的重力加速度设为常数 g，不带燃料的飞船质量为 M，初始燃料的总质量为 F，飞船的状态方程为

$$\dot{h}(t)=v(t),\quad h(0)=h_0$$

$$\dot{v}(t)=-g+\frac{u(t)}{m(t)},\quad v(0)=v_0$$

$$\dot{m}(t)=-ku(t),\quad m(0)=M+F$$

要求飞船在月球上实现软着陆，即终端约束为

$$M_1=h(t_f)=0,\quad M_2=v(t_f)=0$$

发动机推力 u 受到约束

$$u\in\Omega,\quad \Omega=\{u\mid 0\leqslant u\leqslant a\}$$

试确定 $u^*(t)$，使飞船由已知初态转移到要求的终端状态并使飞船燃料消耗最少，即使得 $J=-m(t_f)=\min$。本题是控制受约束、t_f 自由、末值型性能指标、终端受约束的最优控制问题。

解：构造 Hamilton 函数：

$$H=\boldsymbol{\lambda}^{\mathrm{T}} f(x, u, t)=\lambda_h v+\lambda_v\left(-g+\frac{u}{m}\right)-\lambda_m k u$$

$$\theta\left(t_{\mathrm{f}}\right)=-m\left(t_{\mathrm{f}}\right)$$

伴随方程：

$$\dot{\lambda}=-\frac{\partial H}{\partial x}$$

$$\dot{\lambda}_h=-\frac{\partial H}{\partial h}=0$$

$$\dot{\lambda}_v=-\frac{\partial H}{\partial v}=-\lambda_h$$

$$\dot{\lambda}_m=-\frac{\partial H}{\partial m}=\frac{\lambda_v u}{m^2}$$

横截条件：

$$\lambda\left(t_{\mathrm{f}}\right)=\left[\frac{\partial \theta}{\partial x}+\left(\frac{\partial M}{\partial x}\right)^{\mathrm{T}} v\right]_{t_{\mathrm{f}}}$$

$$\lambda_h\left(t_{\mathrm{f}}\right)=\left[\frac{\partial \theta}{\partial h}+\left(\frac{\partial M}{\partial h}\right)^{\mathrm{T}} v\right]_{t_{\mathrm{f}}}=v_1\left(t_{\mathrm{f}}\right)$$

$$\lambda_v\left(t_{\mathrm{f}}\right)=\left[\frac{\partial \theta}{\partial v}+\left(\frac{\partial M}{\partial v}\right)^{\mathrm{T}} v\right]_{t_{\mathrm{f}}}=v_2\left(t_{\mathrm{f}}\right)$$

$$\lambda_m\left(t_{\mathrm{f}}\right)=\left[\frac{\partial \theta}{\partial m}+\left(\frac{\partial M}{\partial m}\right)^{\mathrm{T}} v\right]_{t_{\mathrm{f}}}=-1$$

v_1, v_2 为待定的拉格朗日乘子，将 Hamilton 函数整理可得：

$$H=\left(\lambda_h v-\lambda_v g\right)+\left(\frac{\lambda_v}{m}-k \lambda_m\right) u$$

由极小值原理知，H 相对 $u^*(t)$ 取极小值，因此最优控制律为

$$u^*(t)=\begin{cases}a, & \dfrac{\lambda_v}{m}-k \lambda_m<0 \\ 0, & \dfrac{\lambda_v}{m}-k \lambda_m>0\end{cases}$$

上述结果表明，只有当发动机推力在最大值和零值之间进行开关控制，才有可能在实现软着陆的同时保证燃料消耗最少。

3.2　离散系统极小值原理

设离散系统的状态方程为

$$x(k+1)=f[x(k), u(k), k], \quad k=0,1,2, \cdots, N-1 \tag{3-23}$$

其中，f 是连续可导的 n 维向量函数，$x(k)$为 n 维的状态向量序列，$u(k)$为 p 维控制向量序列，k 表示时刻 t_k，终端时刻 $t_f = t_N$。设初始状态 $x(0)=0$，终端时刻 t_N 给定，终端状态 $x(N)$自由，控制向量序列 $u(k)$无不等式约束。系统性能指标为

$$J = \theta[x(N), N] + \sum_{k=0}^{N-1} F[x(k), u(k), k] \tag{3-24}$$

要求寻找最优控制 $u^*(k)$，使性能指标 J 为极小。

建立增广指标泛函

$$\begin{aligned} J_a &= \theta[x(N), N] + \sum_{k=0}^{N-1} (F[x(k), u(k), k] + \\ &\quad \boldsymbol{\lambda}^{\mathrm{T}}(k+1)\{f[x(k), u(k), k] - x(k+1)\}) \\ &= \theta[x(N), N] + \sum_{k=0}^{N-1} H[x(k), u(k), \lambda(k+1), k] - \sum_{k=0}^{N-1} \boldsymbol{\lambda}^{\mathrm{T}}(k+1) x(k+1) \end{aligned} \tag{3-25}$$

其中，$\lambda(k+1)$为 n 维拉格朗日乘子向量序列。

离散 Hamilton 函数序列 H 为

$$\begin{aligned} H[x(k), u(k), \lambda(k+1), k] = {} & F[x(k), u(k), k] + \\ & \boldsymbol{\lambda}^{\mathrm{T}}(k+1) f[x(k), u(k), k], \quad k = 0, 1, 2, \cdots, N-1 \end{aligned} \tag{3-26}$$

由于 $x(0)$给定，$\delta x(0)=0$，

$$\begin{aligned} \delta J_a = {} & \left\{ \frac{\partial \theta[x(N), N]}{\partial x(N)} - \boldsymbol{\lambda}(N) \right\}^{\mathrm{T}} \delta x(N) + \\ & \sum_{k=0}^{N-1} \left\{ \frac{\partial H[x(k), u(k), \boldsymbol{\lambda}(k+1), k]}{\partial x(k)} - \boldsymbol{\lambda}(k) \right\} \delta x(k) + \\ & \sum_{k=0}^{N-1} \left\{ \frac{\partial H[x(k), u(k), \boldsymbol{\lambda}(k+1), k]}{\partial u(k)} \right\}^{\mathrm{T}} \delta u(k) + \\ & \sum_{k=0}^{N-1} \left\{ \frac{\partial H[x(k), u(k), \boldsymbol{\lambda}(k+1), k]}{\partial \boldsymbol{\lambda}(k+1)} - x(k+1) \right\}^{\mathrm{T}} \delta \boldsymbol{\lambda}(k+1) \end{aligned} \tag{3-27}$$

令 $\delta J_a = 0$ 可得 J 取极值的必要条件为

正则方程：

$$\begin{aligned} \lambda(k) &= \frac{\partial H[x(k), u(k), \boldsymbol{\lambda}(k+1), k]}{\partial x(k)}, \quad k = 0, 1, 2, \cdots, N-1 \\ x(k+1) &= \frac{\partial H[x(k), u(k), \boldsymbol{\lambda}(k+1), k]}{\partial \boldsymbol{\lambda}(k+1)}, \quad k = 0, 1, 2, \cdots, N-1 \end{aligned} \tag{3-28}$$

边界条件与横截条件：

$$x(0) = 0, \quad \boldsymbol{\lambda}(N) = \frac{\partial \theta[x(N), N]}{\partial x(N)} \tag{3-29}$$

控制方程：

$$\frac{\partial H[x(k),u(k),\boldsymbol{\lambda}(k+1),k]}{\partial u(k)}=0,\quad k=0,1,2,\cdots,N-1 \tag{3-30}$$

特别地，当终端状态有等式约束时，$M[x(N),N]=0$。

横截条件改为

$$\lambda(N)=\frac{\partial\theta[x(N),N]}{\partial x(N)}+\left\{\frac{\partial M[x(N),N]}{\partial x(N)}\right\}^{\mathrm{T}}\Gamma(k) \tag{3-31}$$

当 $u(k)$ 有不等式约束时 $\frac{\partial H}{\partial u}=0$ 不成立，此时最优控制序列对应的 H 函数序列为绝对极小值，即

$$H[x^*(k),u^*(k),\lambda^*(k+1),k]=\min_{u(k)\in\Omega}H[x^*(k),u(k),\lambda^*(k+1),k] \tag{3-32}$$

连续系统与离散系统的极小值原理见表 3-3。

表 3-3　连续系统与离散系统极小值原理对比

		连续极小值原理	离散极小值原理
系统		$\dot{x}(t)=f[x(t),u(t),t]$ $x(t_0)=x_0$	$x(k+1)=f[x(k),u(k),k]$ $x(0)=x_0,\quad k=0,1,2,\cdots,N-1$
性能指标		$J=\theta[x(t_f),t_f]+$ $\int_{t_0}^{t_f}F[x(t),u(t),t]\,\mathrm{d}t$	$J=\theta[x(N),N]+$ $\sum_{k=0}^{N-1}F[x(k),u(k),k]$
极值问题		求 $u^*(t)$，使 $J=\min$	求 $u^*(k),k=0,1,2,\cdots,N-1$， 使 $J=\min$
Hamilton 函数		$H(x,u,\lambda,t)=F(x,u,t)+$ $\boldsymbol{\lambda}^{\mathrm{T}}f(x,u,t)$	$H(k)=F[x(k),u(k),k]+$ $\boldsymbol{\lambda}^{\mathrm{T}}(k+1)f[x(k),u(k),k]$ $(k=0,1,2,\cdots,N-1)$
正则方程		$\dot{x}=\frac{\partial H}{\partial\lambda},\quad\dot{\lambda}=-\frac{\partial H}{\partial x}$	$\lambda(k)=\frac{\partial H(k)}{\partial x(k)}$， $x(k+1)=\frac{\partial H(k)}{\partial\lambda(k+1)}$ $(k=0,1,2,\cdots,N-1)$
极值条件	控制 无约束	$\frac{\partial H}{\partial u}=0$	$\frac{\partial H(k)}{\partial u(k)}=0,k=0,1,2,\cdots,N-1$
极值条件	控制 有约束	$H[x^*,u^*,\lambda^*,t]$ $=\min_{\Omega}H[x^*,u,\lambda,t]$	$H[x^*(k),u^*(k),\lambda^*(k+1),k]$ $=\min_{\Omega}H[x^*(k),u(k),\lambda^*(k+1),k]$

续表

	连续极小值原理	离散极小值原理
横截条件(终端时间给定,终端自由)	$\lambda(t_f)=\dfrac{\partial\theta}{\partial x(t_f)}$ $\theta[x(t_f),t_f]=0$ 时, $\lambda(t_f)=0$	$\lambda(N)=\dfrac{\partial\theta}{\partial x(N)}$ $\theta[x(N),N]=0$ 时,$\lambda(N)=0$

例 3-2:设离散状态方程及边界条件为

$$\boldsymbol{x}(k+1)=\boldsymbol{G}\boldsymbol{x}(k)+\boldsymbol{h}u(k)$$

$$\boldsymbol{G}=\begin{bmatrix}1 & 0.1\\0 & 1\end{bmatrix},\quad \boldsymbol{h}=\begin{bmatrix}0\\0.1\end{bmatrix},\quad \boldsymbol{x}(0)=\begin{bmatrix}1\\0\end{bmatrix},\quad \boldsymbol{x}(2)=\begin{bmatrix}0\\0\end{bmatrix}$$

试用离散极小值原理求最优控制序列使性能指标 $J=0.05\sum_{k=0}^{1}u^2(k)$ 取极小值,并求出最优状态序列。

解:

$$H[x(k),u(k),\lambda(k+1),k]=0.05u^2(k)+\boldsymbol{\lambda}^{\mathrm{T}}(k+1)[\boldsymbol{G}\boldsymbol{x}(k)+\boldsymbol{h}u(k)]$$

伴随方程:

$$\boldsymbol{\lambda}(k)=\frac{\partial H}{\partial x(k)}=\boldsymbol{G}^{\mathrm{T}}\boldsymbol{\lambda}(k+1)$$

控制方程:

$$\frac{\partial H}{\partial u(k)}=0,\quad 0.1u(k)+\boldsymbol{h}^{\mathrm{T}}\boldsymbol{\lambda}(k+1)=0$$

状态方程:

$$\begin{aligned}\boldsymbol{x}(k+1)&=\boldsymbol{G}\boldsymbol{x}(k)+\boldsymbol{h}u(k)\\&=\boldsymbol{G}\boldsymbol{x}(k)-10\boldsymbol{h}\boldsymbol{h}^{\mathrm{T}}\boldsymbol{\lambda}(k+1)\\&=\boldsymbol{G}\boldsymbol{x}(k)-10\boldsymbol{h}\boldsymbol{h}^{\mathrm{T}}\boldsymbol{G}^{-\mathrm{T}}\boldsymbol{\lambda}(k)\end{aligned}$$

$k=0$ 时,有

$$\begin{cases}\boldsymbol{\lambda}(0)=\boldsymbol{G}^{\mathrm{T}}\boldsymbol{\lambda}(1)\\\boldsymbol{x}(1)=\boldsymbol{G}\boldsymbol{x}(0)-10\boldsymbol{h}\boldsymbol{h}^{\mathrm{T}}\boldsymbol{\lambda}(1)\end{cases}$$

$k=1$ 时,有

$$\begin{cases}\boldsymbol{\lambda}(1)=\boldsymbol{G}^{\mathrm{T}}\boldsymbol{\lambda}(2)\\\boldsymbol{x}(2)=\boldsymbol{G}\boldsymbol{x}(1)-10\boldsymbol{h}\boldsymbol{h}^{\mathrm{T}}\boldsymbol{G}^{-\mathrm{T}}\boldsymbol{\lambda}(1)\\\qquad=\boldsymbol{G}^2\boldsymbol{x}(0)-10\boldsymbol{G}\boldsymbol{h}\boldsymbol{h}^{\mathrm{T}}\boldsymbol{\lambda}(1)-10\boldsymbol{h}\boldsymbol{h}^{\mathrm{T}}\boldsymbol{G}^{-T}\boldsymbol{\lambda}(1)\end{cases}$$

$$\boldsymbol{\lambda}(1)=\begin{bmatrix}2000\\100\end{bmatrix},\quad \boldsymbol{\lambda}(0)=\boldsymbol{G}^{\mathrm{T}},\quad \boldsymbol{\lambda}(1)=\begin{bmatrix}2000\\300\end{bmatrix}$$

$$u(k)=-10\boldsymbol{h}^{\mathrm{T}}\boldsymbol{\lambda}(k+1)=-10\boldsymbol{h}^{\mathrm{T}}\boldsymbol{G}^{-\mathrm{T}}\boldsymbol{\lambda}(k)$$

$$\therefore u(0)=-100,\quad u(1)=100,\quad \boldsymbol{x}(1)=\begin{bmatrix}1\\-10\end{bmatrix}$$

列写结果如下：

$$\boldsymbol{x}(0)=\begin{bmatrix}1\\0\end{bmatrix},\quad \boldsymbol{x}(1)=\begin{bmatrix}1\\-10\end{bmatrix},\quad \boldsymbol{x}(2)=\begin{bmatrix}0\\0\end{bmatrix}$$

$$\boldsymbol{\lambda}(0)=\begin{bmatrix}2000\\300\end{bmatrix},\quad \boldsymbol{\lambda}(1)=\begin{bmatrix}2000\\100\end{bmatrix}$$

$$u(0)=-100,\quad u(1)=100$$

3.3　极小值原理的应用

设线性定常系统的状态方程为 $\dot{x}(t)=\boldsymbol{A}x(t)+\boldsymbol{B}\boldsymbol{u}(t)$，$x(t_0)=x(0)$，其中，$x\in R^n$，$u\in R^p$，控制向量 $\boldsymbol{u}(t)$ 受不等式约束 $|u|\leqslant M$，$M>0$，求最优控制 $u^*(t)$，使系统从已知的初始状态转移到终端状态，t_f 自由，并使性能指标 $J=\int_{t_0}^{t_f}\mathrm{d}t=t_f-t_0$ 为极小。

解：构造 Hamilton 函数：

$$H[x(t),u(t),t]=1+\boldsymbol{\lambda}^{\mathrm{T}}(t)[\boldsymbol{A}x(t)+\boldsymbol{B}\boldsymbol{u}(t)] \tag{3-33}$$

根据极小值原理，最优控制的必要条件为

正则方程：

$$\begin{cases}\dot{x}^*=\dfrac{\partial H}{\partial \lambda}=\boldsymbol{A}x^*+\boldsymbol{B}u^*\\ \dot{\lambda}^*=-\dfrac{\partial H}{\partial x}=-\boldsymbol{A}^{\mathrm{T}}\boldsymbol{\lambda}^*\end{cases} \tag{3-34}$$

边界条件：

$$x(t_0)=x_0,\quad x(t_f)=x_f \tag{3-35}$$

极值条件：

$$1+\dot{\boldsymbol{\lambda}}^{*\mathrm{T}}(\boldsymbol{A}x^*+\boldsymbol{B}u^*)\leqslant 1+\dot{\boldsymbol{\lambda}}^{*\mathrm{T}}(\boldsymbol{A}x^*+\boldsymbol{B}u) \tag{3-36}$$

即$\boldsymbol{\lambda}^{*\mathrm{T}}\boldsymbol{B}u^*\leqslant\boldsymbol{\lambda}^{*\mathrm{T}}\boldsymbol{B}u$

设 $\boldsymbol{B}=[b_1,b_2,\cdots,b_p]$，则

$$\boldsymbol{\lambda}^{*\mathrm{T}}\boldsymbol{B}u=\sum_{j=1}^{p}\boldsymbol{\lambda}^{*\mathrm{T}}b_ju_j \tag{3-37}$$

设各控制分量相互独立，则有

$$\boldsymbol{\lambda}^{*\mathrm{T}}b_ju_j^*\leqslant\boldsymbol{\lambda}^*b_ju_j \tag{3-38}$$

在约束条件 $|u_j(t)| \leqslant M$ 下的最优控制为

$$u_j^*(t)=\begin{cases}+M, & \boldsymbol{\lambda}^{*\mathrm{T}}(t)b_j<0\\ -M, & \boldsymbol{\lambda}^{*\mathrm{T}}(t)b_j>0, \quad j=1,2,\cdots,p\\ \text{不定}, & \boldsymbol{\lambda}^{*\mathrm{T}}(t)b_j=0\end{cases} \tag{3-39}$$

由此可知，当 $\boldsymbol{\lambda}^{*\mathrm{T}}(t)b_j \neq 0$ 时，可以找出确定的 $u_j^*(t)$ 来，并且它们都为容许控制的边界值。当 $\boldsymbol{\lambda}^{*\mathrm{T}}(t)b_j$ 穿过零点时，$u_j^*(t)$ 由一个边界值切换到另一个边界值。如果 $\boldsymbol{\lambda}^{*\mathrm{T}}(t)b_j$ 在某一时间区间内保持为零，则 $u_j^*(t)$ 为不确定值，这种情况称为奇异问题或非平凡问题，相应的时间区段称为奇异区段。当整个时间区间内不出现奇异区段时，则称为非奇异问题或平凡问题。对于平凡问题，有以下几个定义及定理。

1. **Bang-Bang 原理**

若线性定常系统 $\dot{x}=\boldsymbol{A}x+\boldsymbol{B}u$ 属于平凡情况，则其最短时间控制为

$$u^*(t)=-M\operatorname{sgn}[\boldsymbol{B}^{\mathrm{T}}\lambda^*(t)] \tag{3-40}$$

$$\operatorname{sgn} a=\begin{cases}1, & a>0\\ 0, & a=0\\ -1, & a<0\end{cases} \tag{3-41}$$

$u^*(t)$ 的各个分量都是时间的分段恒值函数，并均取边界值，称此为 Bang-Bang 原理。

Bang-Bang 原理也适用于下列一类非线性系统：

$$\dot{x}=a[x,t]+b[x,t]u$$

2. **最短时间控制存在定理**

若线性定常系统 $\dot{x}=\boldsymbol{A}x+\boldsymbol{B}u$ 完全能控，矩阵 $\boldsymbol{A}$ 的特征值均具有非正实部，控制变量满足不等式约束 $|u(t)| \leqslant M$，则最短时间控制存在。

3. **最短时间控制的唯一性定理**

若线性定常系统 $\dot{x}=\boldsymbol{A}x+\boldsymbol{B}u$ 属于平凡情况，时间最优控制存在，则必定是唯一的。

4. **开关次数定理**

若线性定常系统 $\dot{x}=\boldsymbol{A}x+\boldsymbol{B}u$ 控制变量满足不等式约束 $|u(t)| \leqslant M$，矩阵 $\boldsymbol{A}$ 的特征值全部为实数，若最短时间控制存在，则必为 Bang-Bang 控制，并且每个控制分量在两个边界值之间的切换次数最多不超过 $n-1$ 次。

例 3-3：设系统的状态方程为

$$\dot{x}=\boldsymbol{A}x+\boldsymbol{B}u$$

$$\boldsymbol{A}=\begin{bmatrix}0 & 1\\ 0 & 0\end{bmatrix}, \quad \boldsymbol{B}=\begin{bmatrix}0\\ 1\end{bmatrix}$$

边界条件 $\boldsymbol{x}(t_0)=\begin{bmatrix}x_{10}\\x_{20}\end{bmatrix}$，$x(t_f)=0$，控制变量 $u(t)$ 的不等式约束 $u(t)\leqslant 1$，性能指标 $J=\int_{t_0}^{t_f}\mathrm{d}t=t_f-t_0$，系统原理如图 3-1 所示，求最优控制 $u^*(t)$，使 J 为最小。

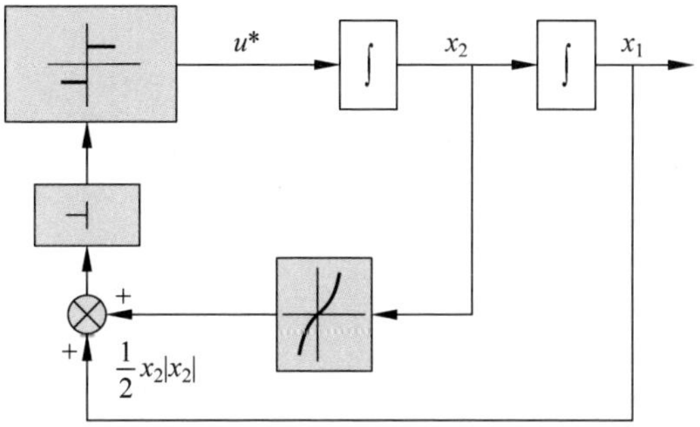

图 3-1　系统原理图

解：由于 $\boldsymbol{A}$ 具有两个零特征值，满足非正实部的要求，且

$J_N[x(0)]=F[x(0),u(0)]+F[x(1),u(1)]+\cdots+F[x(N-1),u(N-1)]$

系统能控，因而最优时间控制存在，如果系统属于平凡情况，则最优控制是唯一的，开关换向次数最多只有一次。

$$H=1+\lambda_1 x_2+\lambda_2 u$$

伴随方程：

$$\dot{\lambda}_1=-\frac{\partial H}{\partial x_1}=0$$

$$\dot{\lambda}_2=-\frac{\partial H}{\partial x_2}=-\lambda_1$$

解得：$\lambda_1^*=c_1\quad\lambda_2^*=c_1t+c_2$。

极值条件：$1+\lambda_1^*x_2^*+\lambda_2^*u^*\leqslant 1+\lambda_1^*x_2^*+\lambda_2^*u$，即 $\lambda_2^*u^*\leqslant\lambda_2^*u$。最优控制规律为

$$u^*(t)=\begin{cases}-1, & \lambda_2^*>0\\+1, & \lambda_2^*<0\\\text{不定}, & \lambda_2^*=0\end{cases}$$

当 $u(t)=+1$ 时，状态方程的解为

$$x_2=t+x_{20},\quad x_1=\frac{1}{2}t^2+x_{20}t+x_{10}$$

最优轨迹方程为 $x_1=\frac{1}{2}x_2^2+c$。

当 $u(t)=-1$ 时，状态方程的解为

$$x_2=-t+x_{20},\quad x_1=-\frac{1}{2}t^2+x_{20}t+x_{10}$$

最优轨迹方程为 $x_1=-\frac{1}{2}x_2^2+c$。

两组抛物线中，各有半支抛物线引向原点，由这两条半支抛物线所组成的曲线 AOB 称为开关曲线：$x_1=-\frac{1}{2}x_2|x_2|$。

讨论不同初始状态的最优控制方案，有四种情况，如图 3-2 所示。

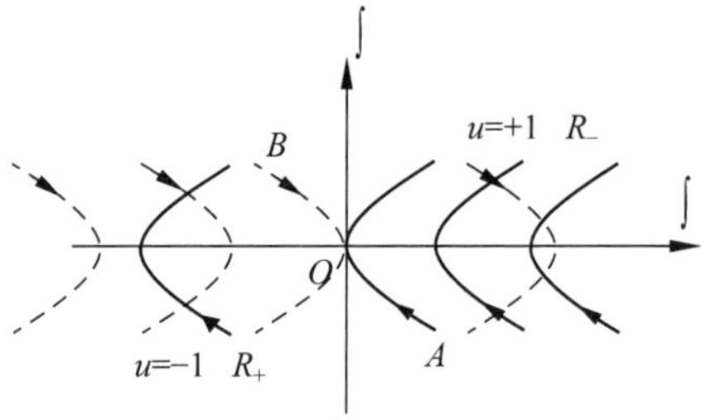

图 3-2 开关曲线示意图

综上所述，最优控制规律为

$$u^*(x_1,x_2)=\begin{cases}+1, & x\in AO\text{ 或 }x\in R_+\leftarrow x_1<-\frac{1}{2}x_2|x_2|\\ -1, & x\in BO\text{ 或 }x\in R_-\leftarrow x_1>-\frac{1}{2}x_2|x_2|\end{cases}$$

上述过程是控制规律的工程实现方法。

3.4 最小燃料消耗控制

对于最小燃料控制问题，性能指标如下：

$$\begin{cases}J=\int_{t_0}^{t_f}\phi(t)\mathrm{d}t\\ \phi(t)=\sum_{j=1}^{p}|u_j(t)|\end{cases}\tag{3-42}$$

双积分模型的最小燃料消耗控制问题如图 3-3 所示，描述如下：设系统状态方程为$\begin{cases}\dot{x}_1=x_2\\ \dot{x}_2=u\\ x(t_0)=x_0,x(t_f)=x_f\end{cases}$，控制约束为 $|u|\leqslant M$，性能指标为 $J=\int_{t_0}^{t_f}|u(t)|\mathrm{d}t$，求最优控制使 J 为极小，其中 t_f 给定，$H=|u|+\lambda_1x_1+\lambda_2u$。

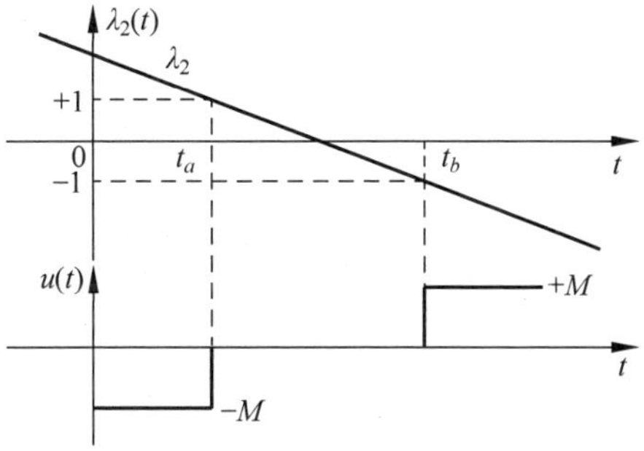

图 3-3 最小燃料控制示意图

根据 $H[x^*,u^*,\lambda^*,t]\leqslant H[x^*,u,\lambda^*,t]$，$|u^*|+\lambda_2u^*\leqslant\lambda_2u+|u|$，$u^*\geqslant 0$ 时，$(\lambda_2+1)u^*=\min$；$u^*\leqslant 0$ 时，$(\lambda_2-1)u^*=\min$。

控制规律为

$$u^*(t)=\begin{cases}+M, & \lambda_2<-1\\ 0, & -1<\lambda_2<1\\ -M, & \lambda_2>1\end{cases}$$

伴随方程为

$$\begin{cases}\dot{\lambda}_1=-\dfrac{\partial H}{\partial x_1}=0\\ \dot{\lambda}_2=-\dfrac{\partial H}{\partial x_2}=-\lambda_1\\ \lambda_2=-c_1t+c_2\end{cases}\tag{3-43}$$

$t=t_a$，$u(t)$从$-M$ 切换为 0；$t=t_b$，$u(t)$从$+M$ 切换为 0。

$u(t)=+M$ 状态方程的解为 $x_2=Mt+a_2$，$x_1=\dfrac{1}{2}Mt^2+a_2t+a_1$。当 $u(t)=0$ 时，$x_2=b_2$，$x_1=b_2t$；当 $u(t)=-M$ 时，$x_2=-Mt+d_2$，$x_1=-\dfrac{1}{2}Mt^2+d_2t+d_1$。当 $t=t_a$ 时，$x_2=-Mt_a+d_2=b_2$，$x_1=-\dfrac{1}{2}Mt_a^2+d_2t_a+d_1=b_2t_a$；当 $t=t_b$ 时，$x_2=b_2=Mt_b+a_2$，$x_1=b_2t_b=\dfrac{1}{2}Mt_b^2+a_2t_b+a_1$。

上述方程和边界条件联立，可求出 t_a 和 t_b。

由此可见，最小燃料消耗控制是一种开关型控制，可采用理想的三位式继电器作为控制器。

例 3-4：已知系统状态方程及初始条件为

$$\begin{cases}\dot{x}_1(t)=x_2(t)\\ \dot{x}_2(t)=u(t), & |u(t)|\leqslant 1\\ x_1(0)=x_2(0)=1\end{cases}$$

试求最优控制,使性能指标

$$J=x_1(t_f)-x_2(t_f)+\int_{t_0}^{4}|u(t)|\mathrm{d}t$$

取极小值,并分段求出最优轨线。

解:本题属于终端状态自由、有末值性能指标要求的最小燃料消耗问题。

$$H=F+\boldsymbol{\lambda}^{\mathrm{T}}f=|u|+\lambda_1x_2+\lambda_2u$$

由 $H[x^*,u^*,\lambda^*,t]\leqslant H[x^*,u,\lambda^*,t]$,即使 $|u|+\lambda_2u$ 取极小:

$$u^*(t)=\begin{cases}+1, & \lambda_2<-1\\ 0, & -1<\lambda_2<1\\ -1, & \lambda_2>1\end{cases}$$

伴随方程为

$$\begin{cases}\dot{\lambda}_1=-\dfrac{\partial H}{\partial x_1}=0\rightarrow\lambda_1=c_1\\ \dot{\lambda}_2=-\dfrac{\partial H}{\partial x_2}=-\lambda_1\rightarrow\lambda_2=-c_1t+c_2\end{cases}$$

横截条件为

$$\begin{cases}\lambda_1(t_f)=-\dfrac{\partial\theta}{\partial x_1(t_f)}=1\\ \lambda_2(t_f)=-\dfrac{\partial\theta}{\partial x_2(t_f)}=-1\\ t_f=4\end{cases}$$

从而得 $\lambda_1=1,\lambda_2=-t+3$。$t\in[0,2]$ $(\lambda_2>1)$ 时,$u^*(t)=-1$,$\begin{cases}\dot{x}_1=x_2\\ \dot{x}_2=-1\end{cases}$,$x_1(0)=x_2(0)=1$。同时最优控制轨线如图 3-4 所示。

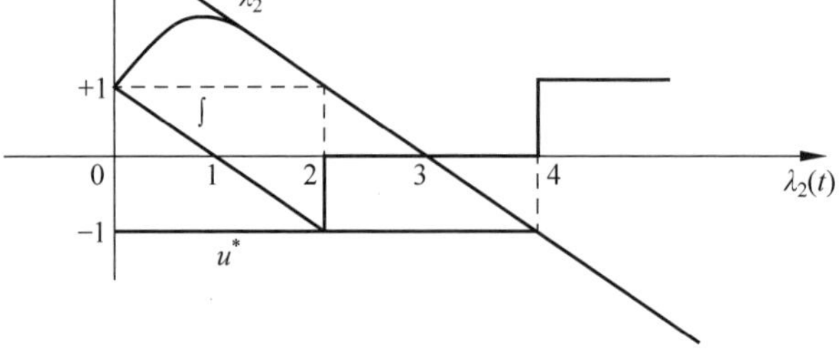

图 3-4 最优控制轨线

解此方程

$$\begin{cases}x_2=-t+1, & x_2(2)=-1\\ x_1=-\frac{1}{2}t^2+t+1, & x_1(2)=1\end{cases}$$

$t\in[2,4]$时，$u=0$，

$$\begin{cases}\dot{x}_1=x_2\\ \dot{x}_2=0\end{cases}$$

解如下方程，并注意到 $x_1(2)=1, x_2(2)=-1$。

$$\begin{cases}x_2(t)=-1, & x_1(4)=-1\\ x_1(t)=-t+3, & x_2(4)=-1\end{cases}$$

3.5 最小能量控制

最小能量控制问题指在控制过程中，控制系统的能量消耗为最小，与最小燃料消耗问题类似，也只有在有限时间内有意义。

设系统状态方程为

$$\dot{x}=\boldsymbol{A}x(t)+\boldsymbol{B}u(t),\quad x(t_0)=x_0 \tag{3-44}$$

控制约束为 $|u_j(t)|\leqslant M, M>0, j=1,2,\cdots,p$；终端状态为 $x(t_f)=x_f$，t_f 给定，要求确定最优控制，使性能指标

$$J=\int_{t_0}^{t_f}\boldsymbol{u}^{\mathrm{T}}\boldsymbol{u}\,\mathrm{d}t=\int_{t_0}^{t_f}\sum_{j=1}^{p}u_j^2(t)\,\mathrm{d}t \tag{3-45}$$

为极小。

$$H=\sum_{j=1}^{p}u_j^2(t)+\boldsymbol{x}^{\mathrm{T}}(t)\boldsymbol{A}^{\mathrm{T}}\lambda(t)+\boldsymbol{u}^{\mathrm{T}}(t)\boldsymbol{B}^{\mathrm{T}}\lambda(t) \tag{3-46}$$

伴随方程：

$$\begin{cases}\dot{\lambda}=-\frac{\partial H}{\partial x}=-\boldsymbol{A}^{\mathrm{T}}\lambda\\ \lambda=\mathrm{e}^{-\boldsymbol{A}^{\mathrm{T}}t}\lambda(t_0)\end{cases} \tag{3-47}$$

引入开关函数：

$$s(t)=\boldsymbol{B}^{\mathrm{T}}\lambda(t)=\boldsymbol{B}^{\mathrm{T}}\mathrm{e}^{-\boldsymbol{A}^{\mathrm{T}}t}\lambda(t_0)=[s_1(t),s_2(t),\cdots,s_p(t)]^{\mathrm{T}} \tag{3-48}$$

或

$$s_j(t)=\boldsymbol{b}_j^{\mathrm{T}}\mathrm{e}^{-\boldsymbol{A}^{\mathrm{T}}t}\lambda(t_0) \tag{3-49}$$

$\boldsymbol{b}_j$ 为 $\boldsymbol{B}$ 的列向量，即 $\boldsymbol{B}=[\boldsymbol{b}_1,\boldsymbol{b}_2,\cdots,\boldsymbol{b}_p]$。

$$H=\sum_{j=1}^{p}[u_j^2(t)+u_j(t)s_j(t)]+\boldsymbol{x}^{\mathrm{T}}\boldsymbol{A}^{\mathrm{T}}\lambda \tag{3-50}$$

由极小值原理知：$u^*(t)$应使 H 为极小，即应使 $u_j^2(t)+u_j(t)s_j(t)$为极小。令

$$\begin{cases}\dfrac{\partial}{\partial u_j(t)}[u_j^2(t)+u_j(t)s_j(t)]=0\\ u_j^*(t)=-\dfrac{1}{2}s_j(t), \quad j=1,2,\cdots,p\end{cases} \tag{3-51}$$

最小能量控制的控制规律为

$$u_j^*(t)=\begin{cases}-\dfrac{1}{2}s_j(t), & |s_j(t)|\leqslant 2M\\ -M\operatorname{sgn}\{s_j(t)\}, & |s_j(t)|>2M\end{cases} \tag{3-52}$$

例 3-5：设系统状态方程及边界条件为

$$\dot{x}_1=x_2$$
$$\dot{x}_2=u$$
$$x_1(0)=x_2(0), \quad x_1(t_f)=x_2(t_f)=\frac{1}{4}$$

t_f 自由，$|u(t)|\leqslant 1$。试确定最优控制，使性能指标 $J=\int_0^{t_f}u^2\mathrm{d}t$ 取极小值。

解：

$$H=u^2+\lambda_1 x_2+\lambda_2 u$$

由极值条件知：

$$u^*(t)=\begin{cases}+1, & \lambda_2(t)<-2\\ -\dfrac{1}{2}\lambda_2(t), & |\lambda_2(t)|\leqslant 2\\ -1, & \lambda_2(t)>2\end{cases}$$

由伴随方程

$$\dot{\lambda}_1=-\frac{\partial H}{\partial x_1}=0, \quad \dot{\lambda}_2=-\frac{\partial H}{\partial x_2}=-\lambda_1$$

可解得 $\lambda_1=c_1,\lambda_2=-c_1t+c_2$。

由于终端状态固定，不能由横截条件确定 c_1 和 c_2，需要试探确定。通常最小能量控制问题的控制量较小，首先选择线性段函数。

$$u(t)=-\frac{1}{2}\lambda_2(t)=-\frac{1}{2}(c_2-c_1t)$$

代入状态方程并考虑初始条件

$$x_1(t)=-\frac{1}{4}c_2t^2+\frac{1}{12}c_1t^3, \quad x_2(t)=-\frac{1}{2}c_2t+\frac{1}{4}c_1t^2$$

$$H(t_f)=0, \quad x_1(t_f)=\frac{1}{4}, \quad x_2(t_f)=\frac{1}{4}$$

解得 $c_1=\frac{1}{9}, c_2=0, t_f=3$。于是最优控制为

$$u^*(t)=-\frac{1}{2}(c_2-c_1t)=\frac{1}{18}t$$

$[0,t_f]$满足$|u(t)|\leqslant 1$约束条件。

最优轨线：

$$x_1^*(t)=\frac{1}{12}c_1t^3=\frac{1}{108}t^3,\quad x_2^*(t)=\frac{1}{36}t^2$$

最优性能指标：

$$J=\int_0^{t_f}u^2\mathrm{d}t=\int_0^3\left(\frac{1}{18}t\right)^2\mathrm{d}t=\frac{1}{36}$$

习题

1. 连续时间系统的极小值原理

解释连续时间系统的极小值原理，并举例说明其应用。

2. 离散系统极小值原理

考虑离散时间系统的极小值原理，并给出其数学描述，解释其与连续时间系统的异同。

3. 极小值原理的应用

应用极小值原理解决以下最优控制问题：

$$\min J(u)=\int_0^1(x^2+u^2)\mathrm{d}t$$

其中，系统动态方程为 $\dot{x}=x+u, x(0)=1$，求解最优控制 $u(t)$和状态 $x(t)$。

4. 最小时间控制

考虑最小时间控制问题 $\dot{x}=u, x(0)=0$。目标是使得状态 $x(t)$在最短时间内达到 $x=1$，且$|u(t)|\leqslant 1$，求解最优控制 $u(t)$和最短时间。

5. 最小燃料消耗控制

考虑以下最小燃料消耗问题：

$$\min J(u)=\int_0^T|u(t)|\mathrm{d}t$$

其中，系统动态方程为 $\dot{x}=x+u, x(0)=0, x(T)=1$，求解最优控制 $u(t)$。

6. 最小能量控制

考虑最小能量控制问题：

$$\min J(u)=\int_0^1u^2\mathrm{d}t$$

其中，系统动态方程为 $\dot{x}=u$，$x(0)=0$，$x(1)=1$，求解最优控制 $u(t)$ 和状态 $x(t)$。

7. 极小值原理在工程中的应用

描述极小值原理在工程中的一个具体应用实例，并详细说明其实现步骤。

8. 极小值原理与其他优化方法的比较

比较极小值原理与动态规划、梯度下降法在解决最优控制问题中的异同。

第 4 章

动态规划法

动态规划(dynamic programming, DP)是运筹学的一个分支,是求解决策过程最优化的数学方法。20 世纪 50 年代美国数学家贝尔曼等在研究多级决策过程的优化问题时,提出了著名的最优性原理,创立了解决这一类过程优化问题的新方法——动态规划。

动态规划的核心是贝尔曼最优性原理,它首先将一个多级(步)决策问题转化为一系列单级决策问题,然后从最后一级状态开始逆向递推到初始级状态为止,即在求解多级决策问题时,要从末端开始到始端为止,逆向递推。动态规划在控制理论上的重要性表现为:对于离散控制系统,可用得到的某些理论结果建立起迭代计算程序;对于连续控制系统,除可以得到某些新的理论结果外,还可建立起与变分法和极小值原理的联系。

尽管动态规划存在没有构造模型的通用方法及用数值方法求解时存在“维数灾难(curse of dimensionality)”等问题,但时至今日,由于计算技术和计算方法的迅速发展,动态规划仍在经济管理、生产调度、资源分配、设备更新、优化设计、最优控制、信息处理和模式识别等领域中获得广泛的应用。本章主要介绍动态规划在控制理论和控制工程中解决动态系统最优控制方面的理论。

4.1 最短路线问题

动态规划是解决多级决策过程最优化的一种数学方法。所谓多级决策过程,是指把一个过程分为若干个阶段,而每一个阶段都需作出决策,以便使整个过程取得最优的效果。

最短路线问题要求从 A 地到 F 地,选择一条最短的线路。为了便于分析,引入几个符号,如图 4-1 所示。其中,N 为从某点到终点之间的级数;x 表示在任一级所处的位置,称为状态变量;$S_N(x)$为决策变量,表示当处于状态 x,还有 N 级时,所选取的下一个点;$W_N(x)$表示从状态 x 到终点 F 的 N 级过程的最短距离;$d(x,S_N)$表示从状态 x 到点 S_N 的距离。

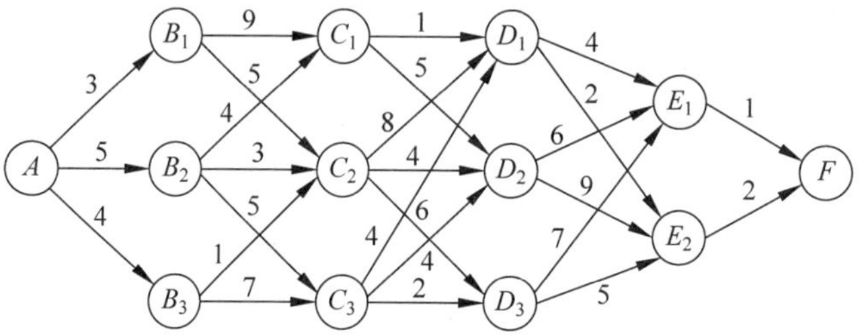

图 4-1 最短路线图

从最后一级开始计算：

$W_1(E_1)=1,\quad W_1(E_2)=2$

$$W_2(D_1)=\min\begin{Bmatrix}d(D_1,E_1)+W(E_1)\\ d(D_1,E_2)+W(E_2)\end{Bmatrix}=\min\begin{Bmatrix}4+1\\ 2+2\end{Bmatrix}=4,\quad S_2(D_1)=E_2$$

$$W_2(D_2)=\min\begin{Bmatrix}d(D_2,E_1)+W(E_1)\\ d(D_2,E_2)+W(E_2)\end{Bmatrix}=\min\begin{Bmatrix}6+1\\ 9+2\end{Bmatrix}=7,\quad S_2(D_2)=E_1$$

$$W_2(D_3)=\min\begin{Bmatrix}d(D_3,E_1)+W(E_1)\\ d(D_3,E_2)+W(E_2)\end{Bmatrix}=\min\begin{Bmatrix}9+1\\ 5+2\end{Bmatrix}=7,\quad S_2(D_3)=E_2$$

同理，

$$W_3(C_1)=5,\quad S_3(C_1)=D_1$$
$$W_3(C_2)=11,\quad S_3(C_2)=D_2$$
$$W_3(C_3)=8,\quad S_3(C_3)=D_1$$

$$W_4(B_1)=14,\quad S_4(B_1)=C_1$$
$$W_4(B_2)=9,\quad S_4(B_2)=C_1$$
$$W_4(B_3)=12,\quad S_4(B_3)=C_2$$

$$W_5(A)=14,\quad S_5(A)=B_2$$

所以，最短路线为 $A\to B_2\to C_1\to D_1\to E_2\to F$，最短距离为 14。

对于一个 N 级最优过程，不管第一级决策如何，其余 $N-1$ 级决策过程至少必须依据第一级决策所形成的状态组成一个 $N-1$ 级最优过程。在此基础上，再选择第一级决策，使总的 N 级过程为最优。

这种递推关系可以用下列递推方程式来表达：

$$W_N(x)=\min_{S_N(x)}\{d[x,S_N(x)]+W_{N-1}[S_N(x)]\},\quad W_1(x)=d(x,F) \tag{4-1}$$

最优性原理：

一个多级决策过程的最优策略具有这样的性质：不管其初始状态和初始决策如何，其余的决策必须根据第一个决策所形成的状态组成一个最优策略。

4.2 离散最优控制问题

设控制系统的状态方程为

$$x(k+1)=f[\boldsymbol{x}(k),\boldsymbol{u}(k)],\quad k=0,1,\cdots,N-1 \tag{4-2}$$

其中，$\boldsymbol{x}(k)$是 k 时刻的几维状态向量；$\boldsymbol{u}(k)$是 k 时刻的 p 维容许控制向量。

设系统在每一步转移中的性能指标为 $F[\boldsymbol{x}(k),\boldsymbol{u}(k)]$。如在 $u(0)$的作用下：

$$x(1)=f[x(0),u(0)],\quad J_1[x(0)]=F[x(0),u(0)] \tag{4-3}$$

如在 $u(1)$的作用下：

$$x(2)=f[x(1),u(1)],\quad J_2[x(0)]=F[x(0),u(0)]+F[x(1),u(1)] \tag{4-4}$$

对 N 级决策过程：

$$x(1)=f[x(0),u(0)],\quad x(2)=f[x(1),u(1)],\quad x(N)=f[x(N-1),u(N-1)] \tag{4-5}$$

性能指标：

$$J_N[x(0)]=F[x(0),u(0)]+F[x(1),u(1)]+\cdots+F[x(N-1),u(N-1)] \tag{4-6}$$

要求选择控制序列$\{u(0),u(1),\cdots,u(N-1)\}$使性能指标达到极小。

根据最优性原理：

$$J_N^*[x(0)]=\min_{u(0)\in\Omega}\{F[x(0),u(0)]+J_{N-1}^*[x(1)]\}$$

$$J_{N-j+1}^*[x(j-1)]=\min_{u(j-1)\in\Omega}\{F[x(j-1),u(j-1)]+J_{N-j}^*[x(j)]\}x(j)$$
$$=f[x(j-1),u(j-1)],\quad j=1,2,\cdots,N-1 \tag{4-7}$$

解上述递推方程，即可获得最优控制序列。

例 4-1：设一阶离散系统的状态方程为

$$x(k+1)=x(k)+u(k),\quad k=0,1,\cdots,N-1$$

初始条件为 $x(0)$，控制变量 u 不受约束，性能指标为

$$J=\frac{1}{2}cx^2(N)+\frac{1}{2}\sum_{k=0}^{N-1}u^2(k)$$

求最优控制 $u^*(t)$，使 J 达最小。为简便起见，设 $N=2$。

解：设在 $u(0)$、$u(1)$作用下，系统状态为 $x(0)$、$x(1)$、$x(2)$。先考虑从 $x(1)$

到 $x(2)$ 的情况，控制为 $u(1)$：

$$J_1[x(1)]=\frac{1}{2}cx^2(2)+\frac{1}{2}u^2(1)=\frac{1}{2}c[x(1)+u(1)]^2+\frac{1}{2}u^2(1)\ \frac{\partial J_1}{\partial u_1}=0$$

$$c[x(1)+u(1)]+u(1)=0,\quad u(1)=-\frac{cx(1)}{1+c},\quad J_1^*=\frac{1}{2}c\frac{x^2(1)}{1+c},\quad x(2)=\frac{x(1)}{1+c}$$

再考虑从 $x(0)$ 到 $x(1)$ 的情况，控制为 $u(0)$：

$$J_2^*[x(0)]=\min_{u(0)}\left[\frac{1}{2}u^2(0)+J_1^*\right]=\min_{u(0)}\left[\frac{1}{2}u^2(0)+\frac{1}{2}\times\frac{c}{1+c}x^2(1)\right]$$

$$J_2[x(0)]=\frac{1}{2}u^2(0)+\frac{1}{2}\times\frac{c}{1+c}[x(0)+u(0)]^2$$

$$\frac{\partial J_2}{\partial u(0)}=0$$

$$u(0)=-\frac{cx(0)}{1+2c}$$

$$J_2^*=\frac{cx^2(0)}{2(1+2c)}$$

$$x(1)=\frac{1+c}{1+2c}x(0)$$

最优控制序列为

$$u^*(0)=-\frac{cx(0)}{1+2c},\quad u^*(1)=-\frac{cx(0)}{1+2c}$$

最优性能指标为

$$J^*=\frac{cx^2(0)}{2(1+2c)}$$

离散系统动态规划的特点如下：

(1) 计算结果丰富，不仅获得了 N 级决策过程的最优控制和最优轨线，还获得了 $N-1$ 级，…，1 级决策过程在不同初始状态下的一簇最优控制和最优轨线。

(2) 不像极小值原理那样需求解两点边值问题，计算中只用到初始状态。

(3) 要求计算机存储容量大，运算速度高。这是由于分级递推方式解决问题需逐级进行最小化计算，存储控制函数、状态转移特性、最优指标函数。当状态变量数目增多时，问题更加突出。

(4) 离散动态规划是在"无后效性"假设前提下进行的，简单地说就是过去的状态和决策只能影响现今状态的确定，或者说对以后发展的影响只能通过当前状态的影响来实现。"无后效性"要求在采样间隔内结束状态转移过程。

(5) 注意到动态规划法是一种逆向计算法，虽然对某些特例也可以用正向计算法求解，但不具有普遍意义。

(6) 函数方程所做的最小化运算显然仍是指标函数存在的必要条件。

(7) 如果多级的过程是 n 段(或连续系统离散化为 n 段)的差分方程同时允许每一段上控制值有 m 个,则可能的控制(如路线)范围是很大的(m^n)。这是动态规划算法的一个主要缺点,通常称为维数灾难,它使计算机无法负担这样大的计算量和存储量。

4.3 连续动态规划

连续系统的最优化问题也可以用动态规划的方法来求解。在这一节中将提出连续时间系统的最优控制问题,针对该问题得出连续时间动态规划的基本数学形式即 Hamilton-Jacobi-Bellman(HJB)方程,并用连续动态规划方法求解连续时间系统最优化问题。

设连续系统动态方程为

$$\dot{x}(t)=f(x(t),u(t),t),\quad x(t_0)=x_0 \tag{4-8}$$

其中,$x(t)\in R^n$,$u(t)\in R^p$ 控制信号 $u(t)$受到限制,即 $u(t)\in\Omega$,性能指标为

$$J=\theta[x(t_f),t_f]+\int_{t_0}^{t_f}F[x(t),u(t),t]\,\mathrm{d}t \tag{4-9}$$

求最优控制 $u^*(t)$,使 J 为最小。

$$J^*[x(t_0),t_0]=\min_{u\in\Omega}\left\{\theta[x(t_f),t_f]+\int_{t_0}^{t_f}F[x(t),u(t),t]\,\mathrm{d}t\right\}$$

$$J^*[x(t_f),t_f]=\theta[x(t_f),t_f]=\min_{u\in\Omega}\left\{\theta[x(t_f),t_f]+\int_{t_0}^{t_f}F[x(t),u(t),t]\,\mathrm{d}t\right\} \tag{4-10}$$

设 $t\in[t_0,t_f]$,

$$\begin{aligned}J^*[x(t),t]&=\min_{u\in\Omega}\left\{\theta[x(t_f),t_f]+\int_{t}^{t_f}F[x(t),u(t),t]\,\mathrm{d}t\right\}\\&=\min_{u\in\Omega}\left\{\theta[x(t_f),t_f]+\int_{t}^{t+\Delta}F[x(t),u(t),t]\,\mathrm{d}t+\int_{t+\Delta}^{t_f}F[x(t),u(t),t]\,\mathrm{d}t\right\}\end{aligned} \tag{4-11}$$

根据最优性原理,从 $t+\Delta$ 到 t_f 这一过程也是最优过程:

$$J^*[x(t+\Delta),t+\Delta]=\min_{u\in\Omega}\left\{\theta[x(t_f),t_f]+\int_{t+\Delta}^{t_f}F[x(t),u(t),t]\,\mathrm{d}t\right\}$$

故

$$J^*[x(t),t]=\min_{u\in\Omega}\left\{\int_{t}^{t+\Delta}F[x(t),u(t),t]\,\mathrm{d}t+J^*[x(t+\Delta),t+\Delta]\right\} \tag{4-12}$$

由于 Δ 很小,$\int_{t}^{t+\Delta}F(x,u,t)\,\mathrm{d}t=F(x,u,t)\cdot\Delta$,

$$\begin{cases} J^*[x(t+\Delta),t+\Delta]=J^*[x(t),t]+\left[\dfrac{\partial J^*[x(t),t]}{\partial x}\right]^{\mathrm{T}}\dot{x}(t)\Delta+ \\ \qquad\qquad\dfrac{\partial J^*[x(t),t]}{\partial t}\Delta+\varepsilon(\Delta^2) \\ \therefore J^*(x,t)=\min\limits_{u\in\Omega}\left\{F(x,u,t)\Delta+J^*(x,t)+\left[\dfrac{\partial J^*(x,t)}{\partial x}\right]^{\mathrm{T}}\dot{x}\Delta+\right. \\ \qquad\qquad\left.\dfrac{\partial J^*(x,t)}{\partial t}\Delta+\varepsilon(\Delta^2)\right\} \\ \therefore -\dfrac{\partial J^*(x,t)}{\partial t}=\min\limits_{u\in\Omega}\left\{F(x,u,t)+\left[\dfrac{\partial J^*(x,t)}{\partial x}\right]^{\mathrm{T}}\dot{x}+\varepsilon(\Delta)\right\} \\ \text{当 }\Delta\to 0\text{ 时},\varepsilon(\Delta)\to 0 \end{cases} \tag{4-13}$$

根据贝尔曼方程可确定使性能指标 J 为最小的最优控制 $u^*(t)$。

定义函数

$$H\left(x,u,\frac{\partial J^*}{\partial x},t\right)=F(x,u,t)+\left[\frac{\partial J^*(x,t)}{\partial x}\right]^{\mathrm{T}}f(x,u,t) \tag{4-14}$$

则

$$-\frac{\partial J^*(x,t)}{\partial t}=\min_{u\in\Omega}H\left(x,u,\frac{\partial J^*}{\partial x},t\right) \tag{4-15}$$

如果 u^* 为最优控制,则

$$-\frac{\partial J^*(x,t)}{\partial t}=H\left(x,u^*,\frac{\partial J^*}{\partial x},t\right) \tag{4-16}$$

式(4-16)为 Hamilton 函数—雅可比方程。

当 u 不受约束时,$\dfrac{\partial H}{\partial u}=0$。

$$\frac{\partial F}{\partial u}+\frac{\partial f^{\mathrm{T}}}{\partial u}\frac{\partial J^*}{\partial x}=0 \tag{4-17}$$

利用边界条件

$$J^*[x(t_{\mathrm{f}}),t_{\mathrm{f}}]=\theta[x(t_{\mathrm{f}}),t_{\mathrm{f}}] \tag{4-18}$$

由式(6-16)、式(6-17)、式(6-18)求解即可,其中,

$$\frac{\partial J^*}{\partial x}=\begin{bmatrix}\dfrac{\partial J^*}{\partial x_1}\\ \dfrac{\partial J^*}{\partial x_2}\\ \vdots\\ \dfrac{\partial J^*}{\partial x_n}\end{bmatrix},\quad \frac{\partial f^{\mathrm{T}}}{\partial u}=\begin{bmatrix}\dfrac{\partial f_1}{\partial u_1} & \dfrac{\partial f_2}{\partial u_1} & \cdots & \dfrac{\partial f_n}{\partial u_1}\\ \dfrac{\partial f_1}{\partial u_2} & \dfrac{\partial f_2}{\partial u_2} & \cdots & \dfrac{\partial f_n}{\partial u_2}\\ \vdots & \vdots & \vdots & \vdots\\ \dfrac{\partial f_1}{\partial u_p} & \dfrac{\partial f_2}{\partial u_p} & \cdots & \dfrac{\partial f_n}{\partial u_p}\end{bmatrix} \tag{4-19}$$

例 4-2:设系统状态方程为

$$\dot{x}_1 = x_2, \qquad \dot{x}_2 = u$$

初始状态 $x_1(0)=1, x_2(0)=0, u(t)$不受约束。
性能指标为

$$J = \int_0^{\infty} \left(2x_1^2 + \frac{1}{2}u^2\right) \mathrm{d}t$$

求最优控制 $u^*(t)$，使性能指标 J 为最小。

解：由于

$$-\frac{\partial J^*}{\partial t} = \min_{u \in \Omega} H, \quad -\frac{\partial J^*}{\partial t} = \min_{u \in \Omega}\left\{2x_1^2 + \frac{1}{2}u^2 + \frac{\partial J^*}{\partial x_1}x_2 + \frac{\partial J^*}{\partial x_2}u\right\}$$

$$H\left(x, u, \frac{\partial J^*}{\partial x}, t\right) = 2x_1^2 + \frac{1}{2}u^2 + \begin{bmatrix} \frac{\partial J^*}{\partial x_1} & \frac{\partial J^*}{\partial x_2} \end{bmatrix} \begin{bmatrix} x_2 \\ u \end{bmatrix}, \quad \frac{\partial H}{\partial u} = 0 \Rightarrow u^* = -\frac{\partial J^*}{\partial x_2}$$

因为系统是时不变的，并且性能指标的被积函数不是时间的显函数，故$\frac{\partial J^*}{\partial t}=0$。

$$\therefore 2x_1^2 + \frac{\partial J^*}{\partial x_1}x_2 - \frac{1}{2}\left(\frac{\partial J^*}{\partial x_2}\right)^2 = 0$$

解得：

$$J^*(x) = 2x_1^2 + 2x_1x_2 + x_2^2, \quad u^*(t) = -\frac{\partial J^*}{\partial x_2} = -2x_1 - 2x_2$$

习题

1. 离散最优控制问题

解释离散最优控制问题的基本概念，并给出一个简单的应用实例。

2. 动态规划求解离散最优控制问题

考虑一个离散时间系统 $x_{k+1}=x_k+u_k$，目标函数 $J=\sum_{k=0}^{N-1}(x_k^2+u_k^2)$，初始条件为 $x_0=1$，终端条件为 $x_N=0$，求最优控制序列 u_k 使得目标函数最小。

3. 连续动态规划

解释连续动态规划的基本概念，并说明其在最优控制中的应用。

4. Hamilton-Jacobi-Bellman 方程

推导 Hamilton-Jacobi-Bellman(HJB)方程，并说明其在最优控制中的作用。

5. 应用 HJB 方程求解最优控制问题

考虑一个连续时间系统 $\dot{x}=u$，目标函数 $J=\int_0^1 (x^2+u^2)\mathrm{d}t$，初始条件为 $x(0)=1$，求最优控制 $u(t)$和状态 $x(t)$，并利用 HJB 方程验证结果。

6. 动态规划与其他最优控制方法的比较

比较动态规划与极小值原理在解决最优控制问题中的异同。

第 5 章

线性二次型问题的最优控制

前面章节里，分别利用变分法解决了容许控制属于开集的最优控制问题，进一步利用极小值原理解决了容许控制属于闭集的最优控制问题。然而，这两种方法都有属于自己的缺陷，这样引申出本章内容，即关于线性二次型问题的最优控制。

美国学者卡尔曼在研究状态方程、线性系统能控性和能观性的基础上，以空间飞行器制导为背景，提出了线性系统的二次型指标函数，获得了易于求解的线性最优状态反馈控制器，该控制器的设计可归结为求解非线性黎卡提(Riccati)矩阵微分方程或代数方程。目前，黎卡提矩阵方程的求解已得到广泛深入的研究，有标准的计算机程序可供使用，求解规范方便。线性系统的二次型最优控制器设计是现代控制理论最重要的成果之一，目前已在工程实践中得到广泛应用。线性二次调节器 LQR 控制器中的参数是通过 Riccati 方程求解得出的，在线性二次型控制器中可以通过性能指标求解，这样使系统易于分析，在多变量的系统中可以分析线性的控制率来判断系统的稳定性。同时 LQR 控制器与智能算法相结合也被人们应用到实践中，例如，将神经元网络与线性二次型调节器结合，解决了机器人摆动和平衡问题。对于 LQR 控制器的设计，一个关键的问题在于 $\boldsymbol{Q}$ 和 $\boldsymbol{R}$ 矩阵的选取，这决定了 LQR 控制器是否能够高效稳定地控制系统运行。

5.1 线性连续系统状态调节器

5.1.1 有限时间状态调节器

设线性系统状态方程为

$$\dot{x}(t)=\boldsymbol{A}(t)\boldsymbol{x}(t)+\boldsymbol{B}(t)\boldsymbol{u}(t),\quad x(t_0)=x_0 \tag{5-1}$$

二次型性能指标为

$$J=\frac{1}{2}\boldsymbol{x}^{\mathrm{T}}(t_{\mathrm{f}})P\boldsymbol{x}(t_{\mathrm{f}})+\frac{1}{2}\int_{t_0}^{t_{\mathrm{f}}}\left[\boldsymbol{x}^{\mathrm{T}}(t)Q(t)\boldsymbol{x}(t)+\boldsymbol{u}^{\mathrm{T}}(t)R(t)\boldsymbol{u}(t)\right]\mathrm{d}t \tag{5-2}$$

其中，$\boldsymbol{x}(t)\in R^n$，$\boldsymbol{u}(t)\in R^p$，$\boldsymbol{u}(t)$不受约束，$\boldsymbol{x}(t_f)$自由，t_f有限。

对于$t\in[t_0,t_f]$，$\boldsymbol{A}(t)$，$\boldsymbol{B}(t)$，$\boldsymbol{Q}(t)$，$\boldsymbol{R}(t)$均连续、有界。$\boldsymbol{P}\geqslant 0$，$\boldsymbol{P}=\boldsymbol{P}^{\mathrm{T}}$，$\boldsymbol{Q}\geqslant 0$，$\boldsymbol{Q}=\boldsymbol{Q}^{\mathrm{T}}$，$\boldsymbol{R}>0$，$\boldsymbol{R}=\boldsymbol{R}^{\mathrm{T}}$，要求寻找最优控制$u^*(t)$，使$J$为最小。

令

$$\begin{aligned}H(x,u,\lambda,t)=&\frac{1}{2}\boldsymbol{x}^{\mathrm{T}}(t)\boldsymbol{Q}(t)\boldsymbol{x}(t)+\frac{1}{2}\boldsymbol{u}^{\mathrm{T}}(t)\boldsymbol{R}(t)\boldsymbol{u}(t)+\\&\boldsymbol{\lambda}^{\mathrm{T}}[\boldsymbol{A}(t)\boldsymbol{x}(t)+\boldsymbol{B}(t)\boldsymbol{u}(t)]\end{aligned}\tag{5-3}$$

正则方程：

$$\begin{cases}\dot{x}=\dfrac{\partial H}{\partial\lambda}=\boldsymbol{A}(t)\boldsymbol{x}(t)+\boldsymbol{B}(t)\boldsymbol{u}(t)\\ \dot{\lambda}(t)=-\dfrac{\partial H}{\partial x}=-\boldsymbol{Q}(t)\boldsymbol{x}(t)-\boldsymbol{A}^{\mathrm{T}}(t)\lambda(t)\end{cases}\tag{5-4}$$

由于$\boldsymbol{u}(t)$不受约束，

$$\frac{\partial H}{\partial u}=0\Rightarrow\boldsymbol{R}(t)\boldsymbol{u}(t)+\boldsymbol{B}^{\mathrm{T}}(t)\lambda(t)=0$$

$$u^*(t)=-\boldsymbol{R}^{-1}(t)\boldsymbol{B}^{\mathrm{T}}(t)\lambda(t)\tag{5-5}$$

代入正则方程：

$$\dot{x}(t)=\boldsymbol{A}(t)\boldsymbol{x}(t)-\boldsymbol{B}(t)\boldsymbol{R}^{-1}(t)\boldsymbol{B}^{\mathrm{T}}(t)\lambda(t)$$

$$\dot{\lambda}(t)=-\boldsymbol{Q}(t)\boldsymbol{x}(t)-\boldsymbol{A}^{\mathrm{T}}(t)\lambda(t)\tag{5-6}$$

这是一组一阶微分方程，边界条件和横截条件为

$$\begin{cases}x(t_0)=x_0\\ \lambda(t_f)=\dfrac{\partial}{\partial x(t_f)}\left[\dfrac{1}{2}\boldsymbol{x}^{\mathrm{T}}(t_f)\boldsymbol{P}x(t_f)\right]=\boldsymbol{P}x(t_f)\end{cases}\tag{5-7}$$

$$\begin{cases}\dot{x}(t)=\boldsymbol{A}(t)\boldsymbol{x}(t)-\boldsymbol{B}(t)\boldsymbol{R}^{-1}(t)\boldsymbol{B}^{\mathrm{T}}(t)\lambda(t)\\ \dot{\lambda}(t)=-\boldsymbol{Q}(t)\boldsymbol{x}(t)-\boldsymbol{A}^{\mathrm{T}}(t)\lambda(t)\end{cases}\tag{5-8}$$

显然，可以假定$\boldsymbol{\lambda}(t)$和$\boldsymbol{x}(t)$之间存在线性关系：

$$\begin{cases}\lambda(t)=\boldsymbol{K}(t)\boldsymbol{x}(t)\\ \dot{\lambda}(t)=\dot{K}(t)\boldsymbol{x}(t)+\boldsymbol{K}(t)\dot{x}(t)\\ \qquad=[\dot{K}(t)+K(t)\boldsymbol{A}(t)-\boldsymbol{K}(t)\boldsymbol{B}(t)\boldsymbol{R}^{-1}(t)\boldsymbol{B}^{\mathrm{T}}(t)\boldsymbol{K}(t)]\,\boldsymbol{x}(t)\\ \dot{\lambda}(t)=[-\boldsymbol{Q}(t)-\boldsymbol{A}^{\mathrm{T}}(t)\boldsymbol{K}(t)]\boldsymbol{x}(t)\\ \therefore\dot{K}(t)=-K(t)\boldsymbol{A}(t)-\boldsymbol{A}^{\mathrm{T}}(t)\boldsymbol{K}(t)+\\ \qquad K(t)\boldsymbol{B}(t)\boldsymbol{R}^{-1}(t)\boldsymbol{B}^{\mathrm{T}}(t)\boldsymbol{K}(t)-\boldsymbol{Q}(t)\end{cases}\tag{5-9}$$

上式称为矩阵黎卡提方程，其边界条件为$\boldsymbol{K}(t_f)=\boldsymbol{P}$。

由黎卡提方程求出$\boldsymbol{K}(t)$后，则最优控制为

$$u^*(t)=-\boldsymbol{R}^{-1}(t)\boldsymbol{B}^{\mathrm{T}}(t)\boldsymbol{K}(t)\boldsymbol{x}(t) \tag{5-10}$$

引理 5-1：若 $\boldsymbol{K}(t)$是黎卡提方程的解，则 $\boldsymbol{K}(t)$对所有的 $t\in[t_0,t_f]$是对称的，$\boldsymbol{K}(t)=\boldsymbol{K}^{\mathrm{T}}(t)$。

引理 5-2：控制 $\boldsymbol{u}(t)=-\boldsymbol{R}^{-1}(t)\boldsymbol{B}^{\mathrm{T}}(t)\boldsymbol{K}(t)\boldsymbol{x}(t)$至少产生了一个局部最小。

引理 5-3：若上述状态调节器问题的最优解存在，则最优控制是唯一的。

定理 5-1：已知线性时变系统的状态方程

$$\dot{x}(t)=\boldsymbol{A}(t)\boldsymbol{x}(t)+\boldsymbol{B}(t)\boldsymbol{u}(t) \tag{5-11}$$

和性能指标

$$J=\frac{1}{2}\boldsymbol{x}^{\mathrm{T}}(t_f)\boldsymbol{P}x(t_f)+\frac{1}{2}\int_{t_0}^{t_f}[\boldsymbol{x}^{\mathrm{T}}(t)\boldsymbol{Q}(t)\boldsymbol{x}(t)+\boldsymbol{u}^{\mathrm{T}}(t)\boldsymbol{R}(t)\boldsymbol{u}(t)]\,\mathrm{d}t \tag{5-12}$$

其中，$\boldsymbol{u}(t)$不受约束，t_f 有限，$\boldsymbol{P}(t)$和 $\boldsymbol{Q}(t)$为半正定对称矩阵，$\boldsymbol{R}(t)$为正定对称阵。则最优控制存在且是唯一的，并且由下式确定：

$$u^*(t)=-\boldsymbol{R}^{-1}(t)\boldsymbol{B}^{\mathrm{T}}(t)\boldsymbol{K}(t)\boldsymbol{x}(t) \tag{5-13}$$

其中对称矩阵 $\boldsymbol{K}(t)$是下列黎卡提方程的唯一解。

$$\dot{K}(t)=-\boldsymbol{K}(t)\boldsymbol{A}(t)-\boldsymbol{A}^{\mathrm{T}}(t)\boldsymbol{K}(t)+\boldsymbol{K}(t)\boldsymbol{B}(t)\boldsymbol{R}^{-1}(t)\boldsymbol{B}^{\mathrm{T}}(t)\boldsymbol{K}(t)-\boldsymbol{Q}(t) \tag{5-14}$$

而最优状态 $x^*(t)$是下列线性微分方程的解：

$$\begin{cases}\dot{x}(t)=[\boldsymbol{A}(t)-\boldsymbol{B}(t)\boldsymbol{R}^{-1}(t)\boldsymbol{B}^{\mathrm{T}}(t)\boldsymbol{K}(t)]\,\boldsymbol{x}(t)\\ x(t_0)=x_0\end{cases} \tag{5-15}$$

几点说明：

(1) 最优控制规律是一个状态线性反馈规律，它能方便地实现闭环最优控制。

(2) 由于 $\boldsymbol{K}(t)$是非线性微分方程的解，通常情况下难以求得解析解，需要由计算机求出其数值解。又因为其边界条件在终端处，所以需要逆时间方向求解，因此应在过程开始之前就将 $\boldsymbol{K}(t)$解出，存入计算机以供过程使用。

(3) 只要控制时间 $[t_0,t_f]$是有限的，$\boldsymbol{K}(t)$就是时变的(即使状态方程和性能指标 J 是定常的)，因而最优反馈系统将成为线性时变系统。

(4) 将最优控制 $u^*(t)$及最优状态轨线 $x^*(t)$代入性能指标函数，得性能指标最小值为 $J^*=\frac{1}{2}\boldsymbol{x}^{\mathrm{T}}(t_0)\boldsymbol{K}(t_0)\boldsymbol{x}(t_0)$。

(5) 当控制时间 $[t_0,t_f]$为有限时间时，状态调节器最优解的存在不要求系统能控，这是因为所采用的性能指标是为了保持系统的状态 $x(t)$接近零状态。当控制时间 $[t_0,t_f]$为有限时间时，即使系统不能控，不能控状态对性能指标的影响也是有限的。在 $[t_0,t_f]$区间中性能指标不至于变为无穷，故最优控制存在。如果 $t_f\to\infty$，则只有当系统能控时，状态调节器才存在最优解。

例 5-1：二阶系统状态方程为

$$\begin{cases}\dot{x}_1(t)=x_2(t)\\ \dot{x}_2(t)=u(t)\end{cases}$$

二次型性能指标为 $J=\dfrac{1}{2}[x_1^2(t_f)+2x_2^2(t_f)]+\dfrac{1}{2}\int_0^3\left(2x_1^2+4x_2^2+2x_1x_2+\dfrac{1}{2}u^2\right)dt$，试求使系统性能指标 J 为最小的最优控制 $u^*(t)$。

解：

$$\boldsymbol{A}=\begin{bmatrix}0&1\\0&0\end{bmatrix},\quad \boldsymbol{B}=\begin{bmatrix}0\\1\end{bmatrix},\quad \boldsymbol{P}=\begin{bmatrix}1&0\\0&2\end{bmatrix},\quad \boldsymbol{Q}=\begin{bmatrix}2&1\\1&4\end{bmatrix},\quad R=\frac{1}{2}$$

最优控制为

$$u^*(t)=-R^{-1}\boldsymbol{B}^{\mathrm{T}}\boldsymbol{K}(t)x$$

因为 $\boldsymbol{K}(t)$ 为对称矩阵，设 $\boldsymbol{K}(t)=\begin{bmatrix}k_{11}(t)&k_{12}(t)\\k_{12}(t)&k_{22}(t)\end{bmatrix}$

$$\therefore u^*(t)=-2k_{12}(t)x_1-2k_{22}(t)x_2$$

$\boldsymbol{K}(t)$ 满足黎卡提方程：

$$\dot{K}(t)+\boldsymbol{K}(t)\boldsymbol{A}+\boldsymbol{A}^{\mathrm{T}}\boldsymbol{K}(t)-\boldsymbol{K}(t)\boldsymbol{B}R^{-1}\boldsymbol{B}^{\mathrm{T}}\boldsymbol{K}(t)+\boldsymbol{Q}=0,\quad \boldsymbol{K}(3)=\boldsymbol{P}$$

整理得：

$$\begin{cases}\dot{k}_{11}(t)=2k_{12}^2(t)-2\\ \dot{k}_{12}(t)=-k_{11}(t)+2k_{12}(t)k_{22}(t)-1\\ \dot{k}_{22}(t)=-2k_{12}(t)+2k_{22}^2(t)-4\\ k_{11}(3)=1\\ k_{12}(3)=0\\ k_{22}(3)=2\end{cases}$$

解此微分方程得 $k(t)$，代入 $u^*(t)$ 表达式，可得最优控制。显然，由于微分方程组的非线性，不能求得其解析解，只能利用计算机求得其数值解。

例 5-2：设系统状态方程和初始条件为

$$\begin{cases}\dot{x}_1(t)=x_2(t)\\ \dot{x}_2(t)=u(t)\end{cases},\qquad \begin{cases}x_1(0)=1\\ x_2(0)=0\end{cases}$$

终端时刻 t_f 为某一给定值，求最优控制 $u^*(t)$ 使下列性能指标为最小：

$$J=\frac{1}{2}\int_0^{t_f}[x_1^2(t)+u^2(t)]\,dt$$

解：

$$\boldsymbol{A}=\begin{bmatrix}0&1\\0&0\end{bmatrix},\quad \boldsymbol{B}=\begin{bmatrix}0\\1\end{bmatrix},\quad P=0,\quad \boldsymbol{Q}=\begin{bmatrix}1&0\\0&0\end{bmatrix},\quad R=1$$

设 $\boldsymbol{K}(t)=\begin{bmatrix} k_{11}(t) & k_{12}(t) \\ k_{12}(t) & k_{22}(t) \end{bmatrix}$,代入黎卡提方程:

$$\begin{cases} \dot{k}_{11}=-1+k_{12}^2 \\ \dot{k}_{12}=-k_{11}+k_{12}k_{22} \\ \dot{k}_{22}=-2k_{12}+k_{22}^2 \end{cases}$$

根据终端边界条件:

$$K(t_f)=P=0, \quad k_{11}(t_f)=k_{12}(t_f)=k_{22}(t_f)=0$$

利用计算机逆时间方向解上述微分方程,解出从 $t=0$ 到 $t=t_f$ 的 $k(t)$,可得最优控制:

$$u^*(t)=-R^{-1}(t)\boldsymbol{B}^{\mathrm{T}}(t)\boldsymbol{K}(t)x(t)$$

5.1.2 无限时间状态调节器

设线性定常系统状态方程为

$$\dot{x}(t)=\boldsymbol{A}x(t)+\boldsymbol{B}u(t), \quad x(t_0)=x_0 \tag{5-16}$$

$[\boldsymbol{A},\boldsymbol{B}]$ 能控,$u(t)$ 不受约束,二次型性能指标为

$$J=\frac{1}{2}\int_{t_0}^{\infty}[\boldsymbol{x}^{\mathrm{T}}(t)\boldsymbol{Q}x(t)+\boldsymbol{u}^{\mathrm{T}}(t)\boldsymbol{R}u(t)]\,\mathrm{d}t \tag{5-17}$$

其中,$\boldsymbol{Q}$,$\boldsymbol{R}$ 为常数矩阵,$\boldsymbol{Q}\geqslant 0$,$\boldsymbol{Q}=\boldsymbol{Q}^{\mathrm{T}}$,$\boldsymbol{R}>0$,$\boldsymbol{R}=\boldsymbol{R}^{\mathrm{T}}$。要求确定最优控制 $u^*(t)$,使 J 为最小。

与有限时间状态调节器相比,有如下几点不同:

(1) 系统是时不变的,性能指标中的权矩阵为常值矩阵。

(2) 终端时刻 $t_f\to\infty$。当 $[t_0,t_f]$ 为有限时间时,最优控制系统是时变的;$t_f\to\infty$ 希望最优控制系统是定常的。

(3) 终值权矩阵 $\boldsymbol{P}=\boldsymbol{0}$,$t_f\to\infty$ 终值性能指标将失去工程意义。

(4) 要求受控系统完全能控,以保证最优控制系统的稳定性。

如果系统不可控,$t_f\to\infty$ 性能指标就有可能趋于无穷大,无法比较控制的优劣,也就无法确定最优控制。

结果如下:当 $\boldsymbol{Q}\geqslant 0$ 时,$\boldsymbol{Q}=\boldsymbol{Q}^{\mathrm{T}}$ 矩阵对 $(\boldsymbol{A},\boldsymbol{B})$ 完全能控时,存在唯一的最优控制:

$$u^*(t)=-\boldsymbol{R}^{-1}\boldsymbol{B}^{\mathrm{T}}\hat{\boldsymbol{K}}x(t)$$

其中,$\hat{\boldsymbol{K}}$ 为 $n\times n$ 常值正定对称阵,满足黎卡提代数方程:

$$\hat{\boldsymbol{K}}\boldsymbol{A}+\boldsymbol{A}^{\mathrm{T}}\hat{\boldsymbol{K}}-\hat{\boldsymbol{K}}\boldsymbol{B}\boldsymbol{R}^{-1}\boldsymbol{B}^{\mathrm{T}}\hat{\boldsymbol{K}}+\boldsymbol{Q}=0 \tag{5-18}$$

一般情况下,需要用数值方法求解。

闭环最优控制的状态方程为

$$\dot{x}=(\boldsymbol{A}-\boldsymbol{B}\boldsymbol{R}^{-1}\boldsymbol{B}^{\mathrm{T}}\hat{\boldsymbol{K}})x,\quad x(t_0)=x_0 \tag{5-19}$$

解此方程可得最优轨线 $x^*(t)$，性能指标的最小值为

$$J^*=\frac{1}{2}\boldsymbol{x}^{\mathrm{T}}(t_0)\hat{\boldsymbol{K}}\boldsymbol{x}(t_0) \tag{5-20}$$

上述最优控制系统并不一定是稳定的，只有矩阵 $\boldsymbol{G}=\boldsymbol{A}-\boldsymbol{B}\boldsymbol{R}^{-1}\boldsymbol{B}^{\mathrm{T}}\hat{\boldsymbol{K}}$ 的所有特征值都具有负实部时，系统才是稳定的，可能反复计算多次，选 $\boldsymbol{Q}$ 求 $\hat{\boldsymbol{K}}$。若 $\hat{\boldsymbol{K}}$ 为正定对称阵，则闭环最优系统是稳定的。

可以证明，若 $\boldsymbol{D}\boldsymbol{D}^{\mathrm{T}}=\boldsymbol{Q}\,(\boldsymbol{A},\boldsymbol{D})$ 能观测，则对于对称非负定加权矩阵 $\boldsymbol{Q}$，当 $(\boldsymbol{A},\boldsymbol{B})$ 能控时，可以保证最优控制 $u^*(t)$ 的存在性和唯一性，且闭环最优控制系统是稳定的。

例 5-3：考虑下列可控系统：$\dot{x}_1=x_2$，$\dot{x}_2=u$，性能指标为

$$J=\frac{1}{2}\int_0^{\infty}(x_1^2+2bx_1x_2+ax_2^2+u^2)\,\mathrm{d}t,\quad a-b^2>0$$

求最优控制 $u(t)$ 使性能指标 J 为最小。

解：

$$\boldsymbol{A}=\begin{bmatrix}0 & 1\\ 0 & 0\end{bmatrix},\quad \boldsymbol{B}=\begin{bmatrix}0\\ 1\end{bmatrix},\quad P=0,\quad \boldsymbol{Q}=\begin{bmatrix}1 & b\\ b & a\end{bmatrix},\quad R=1$$

由于 $a-b^2>0$，则 $\boldsymbol{Q}$ 为正定阵。

设

$$\hat{\boldsymbol{K}}=\begin{bmatrix}\hat{k}_{11} & \hat{k}_{12}\\ \hat{k}_{12} & \hat{k}_{22}\end{bmatrix}$$

可由黎卡提代数方程

$$\hat{\boldsymbol{K}}\boldsymbol{A}+\boldsymbol{A}^{\mathrm{T}}\hat{\boldsymbol{K}}-\hat{\boldsymbol{K}}\boldsymbol{B}R^{-1}\boldsymbol{B}^{\mathrm{T}}\hat{\boldsymbol{K}}+\boldsymbol{Q}=0$$

求得：

$$\begin{cases}\hat{k}_{12}=\pm 1\\ -\hat{k}_{11}+\hat{k}_{21}\hat{k}_{22}-b=0\\ -2\hat{k}_{12}+\hat{k}_{22}^2-a=0\end{cases}$$

可以求出：

$$\begin{cases}\hat{k}_{12}=\pm 1\\ \hat{k}_{11}=\hat{k}_{12}\hat{k}_{22}-b\\ \hat{k}_{22}=\pm\sqrt{2\hat{k}_{12}+a}\end{cases}$$

考虑到 $\hat{\boldsymbol{K}}$,$\boldsymbol{Q}$ 应为正定对称矩阵,则

$$\begin{cases}\hat{k}_{11}>0\\ \hat{k}_{11}\hat{k}_{22}-\hat{k}_{12}^2>0\end{cases}\Rightarrow\begin{cases}\hat{k}_{11}>0\\ \hat{k}_{22}>0\end{cases}$$

$\begin{cases}\hat{k}_{12}=1\\ \hat{k}_{22}=\sqrt{a+2}\\ \hat{k}_{11}=\sqrt{a+2}-b\end{cases}$,$\hat{k}_{12}=-1$ 是不满足要求的。

证明如下:

$$\begin{cases}\hat{k}_{12}=\pm 1\\ \hat{k}_{11}=\hat{k}_{12}\hat{k}_{22}-b\\ \hat{k}_{22}=\pm\sqrt{2\hat{k}_{12}+a}\end{cases}$$

若

$$\hat{k}_{12}=-1$$

$$\hat{k}_{22}=\sqrt{a-2}\Rightarrow a>2$$

$$\hat{k}_{11}=\hat{k}_{12}\hat{k}_{22}-b=-\sqrt{a-2}-b>0\Rightarrow b<-\sqrt{a-2}<0$$

由于 $\hat{k}_{11}\hat{k}_{22}-\hat{k}_{12}^2>0$,

$$(-\sqrt{a-2}-b)\sqrt{a-2}-1>0$$

$$-(a-2)-b\sqrt{a-2}-1>0$$

$$-b\sqrt{a-2}>a-1$$

由于上式两边为正,平方后有

$$b^2(a-2)>(a-1)^2\Rightarrow b^2>\frac{(a-1)^2}{a-2}=a+\frac{1}{a-2}>a$$

与 $a-b^2>0$ 矛盾。

最优控制为

$$u(t)=-R^{-1}\boldsymbol{B}^{\mathrm{T}}\hat{\boldsymbol{K}}x(t)=-\hat{k}_{12}x_1-\hat{k}_{22}x_2=-x_1-\sqrt{a+2}\,x_2$$

最优控制系统结构如图 5-1 所示。

$$\dot{x}_1=x_2,\quad \dot{x}_2=u$$

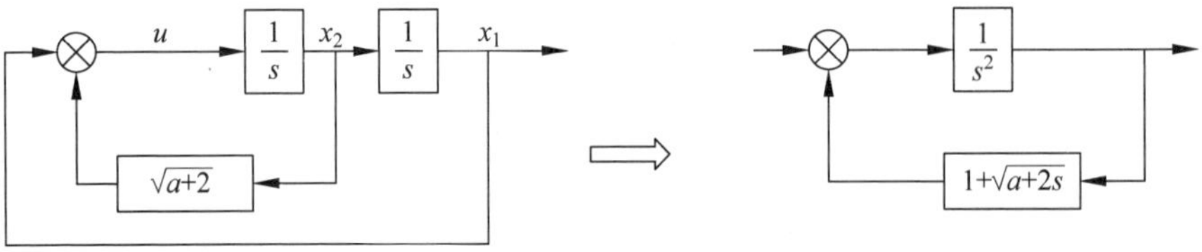

图 5-1 最优控制系统图

例 5-4：控制系统状态方程为

$$\begin{cases}\dot{x}_1 = x_2 \\ \dot{x}_2 = ax_2 + bu\end{cases}, \quad a = -\frac{1}{T^2}, \quad b = \frac{k_0}{T^2} x(0) = x_0, \quad x(\infty) = 0$$

性能指标为 $J = \frac{1}{2}\int_0^{\infty}(q_1 x_1^2 + q_2 x_2^2 + ru^2)\,\mathrm{d}t$，求最优控制 $u^*(t)$，使 J 取最小值。

解：

$$\boldsymbol{A} = \begin{bmatrix} 0 & 1 \\ 0 & a \end{bmatrix}, \quad \boldsymbol{B} = \begin{bmatrix} 0 \\ b \end{bmatrix}, \quad \boldsymbol{Q} = \begin{bmatrix} q_1 & 0 \\ 0 & q_2 \end{bmatrix}, \quad R = r$$

设

$$\hat{\boldsymbol{K}} = \begin{bmatrix} \hat{k}_{11} & \hat{k}_{12} \\ \hat{k}_{12} & \hat{k}_{22} \end{bmatrix}$$

可由黎卡提代数方程

$$\hat{\boldsymbol{K}}\boldsymbol{A} + \boldsymbol{A}^{\mathrm{T}}\hat{\boldsymbol{K}} - \hat{\boldsymbol{K}}\boldsymbol{B}R^{-1}\boldsymbol{B}^{\mathrm{T}}\hat{\boldsymbol{K}} + \boldsymbol{Q} = 0$$

得：

$$\begin{cases}\frac{1}{r}b^2\hat{k}_{12} = q_1 \\ \hat{k}_{11} + ak_{12} - \frac{1}{r}b^2\hat{k}_{12}\hat{k}_{22} = 0 \\ \hat{k}_{12} + a\hat{k}_{22} - \frac{1}{r}b^2\hat{k}_{22}^2 + q_2 = 0\end{cases}$$

解之得 $\hat{k}_{11}, \hat{k}_{12}, \hat{k}_{22}$ 最优控制为

$$u^*(t) = -R^{-1}\boldsymbol{B}^{\mathrm{T}}\hat{\boldsymbol{K}}x(t) = -\frac{1}{r}\begin{bmatrix} 0 & b \end{bmatrix}\begin{bmatrix} \hat{k}_{11} & \hat{k}_{12} \\ \hat{k}_{12} & \hat{k}_{22} \end{bmatrix}\begin{bmatrix} x_1 \\ x_2 \end{bmatrix} = -K_1 x_1(t) - K_2 x_2(t)$$

$$K_1 = \sqrt{\frac{1}{r}q_1}, \quad K_2 = -\frac{1}{k_0} \pm \sqrt{\frac{1}{k_0} + \frac{1}{r}q_2 + \frac{2T}{k_0^2}\sqrt{\frac{1}{r}q_1}}$$

由线性定常最优调节器组成的闭环反馈控制系统状态方程为

$$\dot{x} = \boldsymbol{A}x + \boldsymbol{B}u = (\boldsymbol{A} - \boldsymbol{B}R^{-1}\boldsymbol{B}^{\mathrm{T}}\hat{\boldsymbol{K}})x$$

$$u^*(t) = -R^{-1}\boldsymbol{B}^{\mathrm{T}}\hat{\boldsymbol{K}}x(t)$$

设李雅普诺夫函数为

$$V(x) = \boldsymbol{x}^{\mathrm{T}}\hat{\boldsymbol{K}}\boldsymbol{x}, \quad \dot{V}(x) = \dot{\boldsymbol{x}}^{\mathrm{T}}\hat{\boldsymbol{K}}\boldsymbol{x} + \boldsymbol{x}^{\mathrm{T}}\hat{\boldsymbol{K}}\dot{\boldsymbol{x}} = -\boldsymbol{x}^{\mathrm{T}}(\boldsymbol{Q} + \hat{\boldsymbol{K}}\boldsymbol{B}R^{-1}\boldsymbol{B}^{\mathrm{T}}\hat{\boldsymbol{K}})\boldsymbol{x}$$

由于 $\boldsymbol{Q}$、$\boldsymbol{R}$ 均为正定阵，故 $\dot{V}(x)$ 负定，即系统是渐近稳定的。

5.1.3 线性离散系统状态调节器

设离散系统状态方程为

$$x(k+1)=A(k)x(k)+B(k)u(k),\quad k=0,1,\cdots,N-1 \tag{5-21}$$

$u(k)$不受约束，性能指标为

$$J=\frac{1}{2}\boldsymbol{x}^{\mathrm{T}}(N)\boldsymbol{P}x(N)+\frac{1}{2}\sum_{k=0}^{N-1}[\boldsymbol{x}^{\mathrm{T}}(k)\boldsymbol{Q}(k)x(k)+\boldsymbol{u}^{\mathrm{T}}(N)\boldsymbol{R}(k)u(k)] \tag{5-22}$$

式中，

$$\boldsymbol{P}=\boldsymbol{P}^{\mathrm{T}}\geqslant 0,\quad \boldsymbol{Q}(k)=\boldsymbol{Q}^{\mathrm{T}}(k)\geqslant 0,\quad \boldsymbol{R}(k)=\boldsymbol{R}^{\mathrm{T}}(k)>0 \tag{5-23}$$

求最优控制序列 $u^*(k)$，使性能指标 J 为最小。

建立 Hamilton 函数：

$$\begin{aligned}H(k)=&\frac{1}{2}\boldsymbol{x}^{\mathrm{T}}(k)\boldsymbol{Q}(k)x(k)+\frac{1}{2}\boldsymbol{u}^{\mathrm{T}}(N)\boldsymbol{R}(k)u(k)+\\&\boldsymbol{\lambda}^{\mathrm{T}}(k+1)[\boldsymbol{A}(k)x(k)+\boldsymbol{B}(k)u(k)]\end{aligned} \tag{5-24}$$

正则方程：

$$\begin{aligned}x(k+1)&=\frac{\partial H(k)}{\partial\lambda(k+1)}=\boldsymbol{A}(k)x(k)+\boldsymbol{B}(k)u(k)\lambda(k)\\&=\frac{\partial H(k)}{\partial x(k)}=\boldsymbol{Q}(k)x(k)+\boldsymbol{A}^{\mathrm{T}}(k)\lambda(k+1)\end{aligned} \tag{5-25}$$

边界条件与横截条件为

$$x(0)=x_0,\quad \lambda(N)=\frac{\partial\theta[x(N),N]}{\partial x(N)}=\boldsymbol{P}x(N) \tag{5-26}$$

可以假设 $\lambda(k)=K(k)x(k)$，控制方程：

$$\frac{\partial H(k)}{\partial u(k)}=0$$

$$\boldsymbol{R}(k)u(k)+\boldsymbol{B}^{\mathrm{T}}(k)\lambda(k+1)=0 \tag{5-27}$$

$$\begin{aligned}x(k+1)&=\boldsymbol{A}(k)x(k)+\boldsymbol{B}(k)u(k)\\&=\boldsymbol{A}(k)x(k)-\boldsymbol{B}(k)R^{-1}(k)\boldsymbol{B}^{\mathrm{T}}(k)\boldsymbol{K}(k+1)x(k+1)\end{aligned} \tag{5-28}$$

$$\lambda(k)=\boldsymbol{Q}(k)x(k)+\boldsymbol{A}^{\mathrm{T}}(k)\boldsymbol{K}(k+1)x(k+1)=\boldsymbol{K}(k)x(k) \tag{5-29}$$

$$u^*(k)=-R^{-1}(k)\boldsymbol{B}^{\mathrm{T}}(k)\lambda(k+1) \tag{5-30}$$

$$\lambda(k)=\boldsymbol{K}(k)x(k) \tag{5-31}$$

消除式(5-28)和式(5-29)中的 $x(k+1)$：

$$\begin{aligned}\boldsymbol{K}(k)x(k)=&\boldsymbol{Q}(k)x(k)+\boldsymbol{A}^{\mathrm{T}}(k)\boldsymbol{K}(k+1)\times\\&[\boldsymbol{I}+\boldsymbol{B}(k)\boldsymbol{R}^{-1}(k)\boldsymbol{B}^{\mathrm{T}}(k)\boldsymbol{K}(k+1)]^{-1}\boldsymbol{A}(k)x(k)\end{aligned} \tag{5-32}$$

要使上式对任意 $x(k)$成立，则有

$$\begin{aligned}\boldsymbol{K}(k)&=\boldsymbol{Q}(k)+\boldsymbol{A}^{\mathrm{T}}(k)\boldsymbol{K}(k+1)\left[\boldsymbol{I}+\boldsymbol{B}(k)\boldsymbol{R}^{-1}(k)\boldsymbol{B}^{\mathrm{T}}(k)\boldsymbol{K}(k+1)\right]^{-1}\boldsymbol{A}(k)\\&=\boldsymbol{Q}(k)+\boldsymbol{A}^{\mathrm{T}}(k)\left[\boldsymbol{K}^{-1}(k+1)+\boldsymbol{B}(k)\boldsymbol{R}^{-1}(k)\boldsymbol{B}^{\mathrm{T}}(k)\right]^{-1}\boldsymbol{A}(k)\end{aligned}\tag{5-33}$$

同时 $K(N)=P$。

上式称为黎卡提差分方程。逆时间方向解这一差分方程，便可确定最优增益矩阵 $\boldsymbol{K}(k)$。

由

$$\lambda(k)=\boldsymbol{Q}(k)x(k)+\boldsymbol{A}^{\mathrm{T}}(k)\lambda(k+1)\lambda(k)=\boldsymbol{K}(k)x(k)\tag{5-34}$$

得：

$$\lambda(k+1)=\boldsymbol{A}^{-\mathrm{T}}(k)\left[\boldsymbol{K}(k)-\boldsymbol{Q}(k)\right]x(k)\tag{5-35}$$

$$\begin{aligned}u^{*}(k)&=-\boldsymbol{R}^{-1}(k)\boldsymbol{B}^{\mathrm{T}}(k)\lambda(k+1)\\&=-\boldsymbol{R}^{-1}(k)\boldsymbol{B}^{\mathrm{T}}(k)\boldsymbol{A}^{-\mathrm{T}}k\left[\boldsymbol{K}(k)-\boldsymbol{Q}(k)\right]x(k)\end{aligned}\tag{5-36}$$

最优控制 $u^{*}(k)$为状态的线性函数，其示意图如图 5-2 所示。因此，同连续系统一样，可以方便地实现闭环控制。

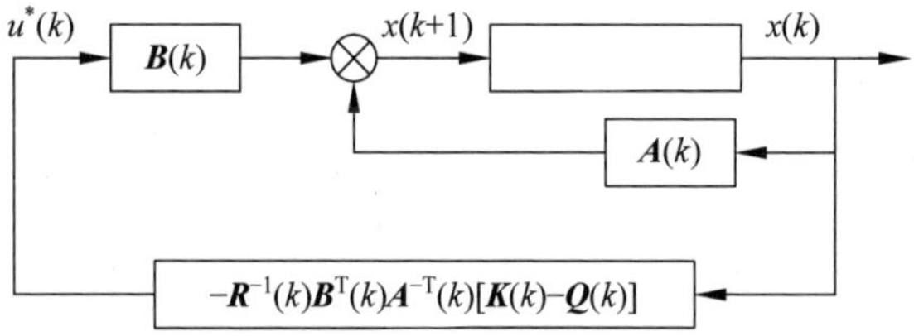

图 5-2　系统示意图

性能指标的最小值为

$$J^{*}=\frac{1}{2}\boldsymbol{x}^{\mathrm{T}}(0)K(0)x(0)\tag{5-37}$$

例 5-5：设一阶离散系统的状态方程为

$$x(k+1)=x(k)+u(k),\quad k=0,1,\cdots,N-1$$

初始条件为 $x(0)=x_0$，性能指标为 $J=\frac{1}{2}cx^2(N)+\frac{1}{2}\sum_{k=0}^{N-1}u^2(k)$，求最优控制序列 $u^{*}(k)$，使性能指标 J 为最小。

解：为简单起见，设 $N=2$，即只求解一个二步控制问题。

性能指标：

$$J=\frac{1}{2}cx^2(2)+\frac{1}{2}u^2(0)+\frac{1}{2}u^2(1)$$

$$P=c,\quad Q(k)=0,\quad R(k)=1,\quad A(k)=1,\quad B(k)=1$$

黎卡提方程：

$$\boldsymbol{K}(k)=\boldsymbol{Q}(k)+\boldsymbol{A}^{\mathrm{T}}(k)\left[\boldsymbol{K}^{-1}(k+1)+\boldsymbol{B}(k)\boldsymbol{R}^{-1}(k)\boldsymbol{B}^{\mathrm{T}}(k)\right]^{-1}\boldsymbol{A}(k)$$

逆时间方向计算：

$$k=1,\quad K(1)=\frac{c}{c+1};\quad k=0,\quad K(0)=\frac{c}{2c+1}$$

最优控制：

$$u^*(k)=-\boldsymbol{R}^{-1}(k)\boldsymbol{B}^{\mathrm{T}}(k)\boldsymbol{A}^{-\mathrm{T}}(k)[\boldsymbol{K}(k)-\boldsymbol{Q}(k)]x(k)x^*(1)$$
$$=x^*(0)+u^*(0)=\frac{c+1}{2c+1}x(0)x^*(2)=x^*(1)+u^*(1)=\frac{1}{2c+1}x(0)$$

最优性能指标：

$$J^*=\frac{1}{2}K(0)x^2(0)=\frac{c}{2(2c+1)}x^2(0)$$

5.1.4 线性连续系统输出调节器

1. 有限时间时变输出调节器

设线性时变系统为

$$\dot{x}(t)=\boldsymbol{A}(t)x(t)+\boldsymbol{B}(t)u(t),\quad x(t_0)=x_0\boldsymbol{y}(t)=\boldsymbol{C}(t)x(t)\tag{5-38}$$

其中，$x\in R^n$，$u\in R^p$，$y\in R^m$，$0<m\leqslant p\leqslant n$。

控制 $u(t)$ 不受约束，时变矩阵 $\boldsymbol{A}(t)$，$\boldsymbol{B}(t)$，$\boldsymbol{C}(t)$ 是时间的连续、有界函数，具有适当的维数。取二次型性能指标：

$$J=\frac{1}{2}\boldsymbol{y}^{\mathrm{T}}(t_{\mathrm{f}})\boldsymbol{P}\boldsymbol{y}(t_{\mathrm{f}})+\frac{1}{2}\int_{t_0}^{t_{\mathrm{f}}}[\boldsymbol{y}^{\mathrm{T}}(t)\boldsymbol{Q}(t)\boldsymbol{y}(t)+\boldsymbol{u}^{\mathrm{T}}(t)\boldsymbol{R}(t)\boldsymbol{u}(t)]\,\mathrm{d}t\tag{5-39}$$

终端时刻 t_{f} 给定，$\boldsymbol{P}$ 为半正定，$\boldsymbol{Q}(t)$、$\boldsymbol{R}(t)$ 分别为半正定和正定对称时变矩阵，其各元素对时间连续有界。要求寻找最优控制 $u^*(t)$，使 J 为最小。

将 $\boldsymbol{y}(t)=\boldsymbol{C}(t)x(t)$ 代入性能指标：

$$J=\frac{1}{2}\boldsymbol{x}^{\mathrm{T}}(t_{\mathrm{f}})\boldsymbol{C}^{\mathrm{T}}(t_{\mathrm{f}})\boldsymbol{P}\boldsymbol{C}(t_{\mathrm{f}})\boldsymbol{x}(t_{\mathrm{f}})\tag{5-40}$$

与状态调节器问题相比，唯一的差别是性能指标函数中的权函数发生了变化。

定理 5-2：如果矩阵 $\boldsymbol{P}$ 和 $\boldsymbol{Q}(t)$ 是半正定的，当且仅当系统 $[\boldsymbol{A}(t),\boldsymbol{B}(t),\boldsymbol{C}(t)]$ 能观测时，矩阵 $\boldsymbol{C}(t_{\mathrm{f}})^{\mathrm{T}}\boldsymbol{P}\boldsymbol{C}(t_{\mathrm{f}})$ 和 $\boldsymbol{C}(t_{\mathrm{f}})^{\mathrm{T}}\boldsymbol{Q}(t)\boldsymbol{C}(t_{\mathrm{f}})$ 是半正定的。

定理 5-3：当且仅当系统 $[\boldsymbol{A}(t),\boldsymbol{B}(t),\boldsymbol{C}(t)]$ 能观测时，存在唯一的最优控制：

$$u^*(t)=-R^{-1}(t)\boldsymbol{B}^{\mathrm{T}}(t)\boldsymbol{K}(t)x(t)$$

其中增益矩阵 $\boldsymbol{K}(t)$ 是下列黎卡提方程的对称正定解：

$$-\dot{K}(t)=\boldsymbol{K}(t)\boldsymbol{A}(t)+\boldsymbol{A}^{\mathrm{T}}(t)\boldsymbol{K}(t)-\boldsymbol{K}(t)\boldsymbol{B}(t)\boldsymbol{R}^{-1}(t)\boldsymbol{B}^{\mathrm{T}}(t)\boldsymbol{K}(t)+$$
$$\boldsymbol{C}^{\mathrm{T}}(t)\boldsymbol{Q}(t)\boldsymbol{C}(t)\boldsymbol{K}(t_{\mathrm{f}})=\boldsymbol{C}^{\mathrm{T}}(t_{\mathrm{f}})\boldsymbol{P}\boldsymbol{C}(t_{\mathrm{f}})\tag{5-41}$$

有限时间状态调节器：

$$\dot{K}(t)=-\boldsymbol{K}(t)\boldsymbol{A}(t)-\boldsymbol{A}^{\mathrm{T}}(t)\boldsymbol{K}(t)+\boldsymbol{K}(t)\boldsymbol{B}(t)\boldsymbol{R}^{-1}(t)\boldsymbol{B}^{\mathrm{T}}(t)\boldsymbol{K}(t)-\boldsymbol{Q}(t)\tag{5-42}$$

而最优轨线 $x^*(t)$ 是下列微分方程的解：

$$\dot{x}(t)=[\boldsymbol{A}(t)-\boldsymbol{B}(t)\boldsymbol{R}^{-1}(t)\boldsymbol{B}^{\mathrm{T}}(t)\boldsymbol{K}(t)]x(t),\quad x(t_0)=x_0 \tag{5-43}$$

最优性能指标为

$$J^*=\frac{1}{2}\boldsymbol{x}^{\mathrm{T}}(t_0)K(t_0)x(t_0) \tag{5-44}$$

2. 无限时间定常输出调节器

设线性定常系统状态方程为

$$\dot{x}(t)=\boldsymbol{A}x(t)+\boldsymbol{B}u(t),\quad x(t_0)=x_0,\quad \boldsymbol{y}(t)=\boldsymbol{C}x(t) \tag{5-45}$$

其中，$u(k)$ 不受约束，终端时刻 t_f 无限，$\boldsymbol{A}$、$\boldsymbol{B}$、$\boldsymbol{C}$ 为适当维数的常值矩阵。

二次型性能指标为

$$J=\frac{1}{2}\int_{t_0}^{\infty}[\boldsymbol{y}^{\mathrm{T}}(t)\boldsymbol{Q}\boldsymbol{y}(t)+\boldsymbol{u}^{\mathrm{T}}(t)\boldsymbol{R}u(t)]\,\mathrm{d}t \tag{5-46}$$

其中，$\boldsymbol{Q}$，$\boldsymbol{R}$ 为对称正定常值矩阵，要求确定最优控制 $u^*(k)$，使性能指标 J 为最小。

定理 5-4：对于系统(5-44)和性能指标(5-45)，若 $\boldsymbol{A}$、$\boldsymbol{B}$、$\boldsymbol{C}$ 能控能观测，则存在唯一的最优控制

$$u^*(t)=-\boldsymbol{R}^{-1}\boldsymbol{B}^{\mathrm{T}}\hat{\boldsymbol{K}}x(t) \tag{5-47}$$

其中，$\hat{\boldsymbol{K}}$ 为对称正定常值矩阵，满足黎卡提代数方程：

$$\hat{\boldsymbol{K}}\boldsymbol{A}+\boldsymbol{A}^{\mathrm{T}}\hat{\boldsymbol{K}}-\hat{\boldsymbol{K}}\boldsymbol{B}\boldsymbol{R}^{-1}\boldsymbol{B}^{\mathrm{T}}\hat{\boldsymbol{K}}+\boldsymbol{C}^{\mathrm{T}}\boldsymbol{Q}\boldsymbol{C}=0 \tag{5-48}$$

最优轨线 $x^*(t)$ 满足微分方程：

$$\dot{x}(t)=(\boldsymbol{A}-\boldsymbol{B}\boldsymbol{R}^{-1}\boldsymbol{B}^{\mathrm{T}}\hat{\boldsymbol{K}})x(t),\quad x(t_0)=x_0 \tag{5-49}$$

性能指标的最小值为

$$J^*=\frac{1}{2}\boldsymbol{x}^{\mathrm{T}}(t_0)\hat{\boldsymbol{K}}x(t_0) \tag{5-50}$$

例 5-6：设系统状态方程为

$$\begin{bmatrix}\dot{x}_1\\ \dot{x}_2\end{bmatrix}=\begin{bmatrix}0 & 1\\ 0 & 0\end{bmatrix}\begin{bmatrix}x_1\\ x_2\end{bmatrix}+\begin{bmatrix}0\\ 1\end{bmatrix}u\quad y=[1\quad 0]\begin{bmatrix}x_1\\ x_2\end{bmatrix}$$

求最优控制 $u^*(t)$，使性能指标

$$J=\frac{1}{2}\int_0^{\infty}(y^2+ru^2)\,\mathrm{d}t\quad (r>0)$$

取最小值。

解：本例为无限时间定常输出调节器问题。

$$\boldsymbol{A}=\begin{bmatrix}0 & 1\\ 0 & 0\end{bmatrix},\quad \boldsymbol{B}=\begin{bmatrix}0\\ 1\end{bmatrix},\quad \boldsymbol{C}=[1\quad 0],\quad Q=1,\quad R=r$$

设 $\hat{\boldsymbol{K}}=\begin{bmatrix}\hat{k}_{11} & \hat{k}_{12}\\ \hat{k}_{12} & \hat{k}_{22}\end{bmatrix}$，代入黎卡提矩阵代数方程：

$$\hat{\boldsymbol{K}}\boldsymbol{A}+\boldsymbol{A}^{\mathrm{T}}\hat{\boldsymbol{K}}-\hat{\boldsymbol{K}}\boldsymbol{B}\boldsymbol{R}^{-1}\boldsymbol{B}^{\mathrm{T}}\hat{\boldsymbol{K}}+\boldsymbol{C}^{\mathrm{T}}\boldsymbol{Q}\boldsymbol{C}=0$$

求得：

$$\begin{cases}\hat{k}_{12}=\pm\sqrt{r}\\ \hat{k}_{11}-\hat{k}_{12}\hat{k}_{22}/r=0 \quad \Rightarrow \hat{k}_{22}=\pm\sqrt{2\hat{k}_{12}r}\Rightarrow \hat{k}_{12}\geqslant 0\\ 2\hat{k}_{12}-\hat{k}_{22}^{2}/r=0\end{cases}$$

$\hat{\boldsymbol{K}}$ 矩阵的正定性，要求 $\hat{k}_{11}>0,\hat{k}_{11}\hat{k}_{22}-\hat{k}_{12}^{2}>0\Rightarrow\hat{k}_{22}>0$，故 $\hat{k}_{12}=\sqrt{r}$，$\hat{k}_{22}=(2r\sqrt{r})^{\frac{1}{2}}$，$\hat{k}_{11}=(4r)^{\frac{1}{4}}$。

$$\therefore\hat{\boldsymbol{K}}=\begin{bmatrix}(4r)^{\frac{1}{4}} & \sqrt{r}\\ \sqrt{r} & \sqrt{r}(4r)^{\frac{1}{4}}\end{bmatrix}$$

最优控制规律：

$$u^{*}(t)=-\boldsymbol{R}^{-1}\boldsymbol{B}^{\mathrm{T}}\hat{\boldsymbol{K}}x(t)=-\frac{1}{\sqrt{r}}[x_1+(4r)^{\frac{1}{4}}x_2]$$

例 5-7：设受控系统 $\ddot{y}=\dot{u}(t)+\beta u(t),\beta\neq 0$，系统性能指标 $J=\frac{1}{2}\int_0^{\infty}[y^2(t)+ru^2(t)]\,\mathrm{d}t$，试求使系统性能指标 J 为最小值时的最优控制 $u^{*}(t)$。

解：取状态变量

$$x_1(t)=y(t),\quad x_2(t)=\dot{y}(t)-u(t)$$

则

$$\begin{bmatrix}\dot{x}_1\\ \dot{x}_2\end{bmatrix}=\begin{bmatrix}0 & 1\\ 0 & 0\end{bmatrix}\begin{bmatrix}x_1\\ x_2\end{bmatrix}+\begin{bmatrix}1\\ \beta\end{bmatrix}u y=[1\quad 0]\,x\boldsymbol{A}=\begin{bmatrix}0 & 1\\ 0 & 0\end{bmatrix},$$

$$\boldsymbol{B}=\begin{bmatrix}1\\ \beta\end{bmatrix},\quad \boldsymbol{C}=[1\quad 0],\quad \boldsymbol{Q}=1,\quad R=r$$

代入黎卡提矩阵代数方程：

$$\begin{cases}(\hat{k}_{11}+\beta\hat{k}_{12})^2=r\\ (\hat{k}_{12}+\beta\hat{k}_{22})(\hat{k}_{11}+\beta\hat{k}_{12})=r\hat{k}_{11}\\ (\hat{k}_{12}+\beta\hat{k}_{22})^2=2r\hat{k}_{12}\end{cases}$$

为保证 $\boldsymbol{K}$ 的正定性：

$$\begin{cases}\hat{k}_{11}=\dfrac{-1+\sqrt{1+2\beta\sqrt{r}}}{\beta}\\ \hat{k}_{11}+\beta\hat{k}_{12}=\sqrt{r}\\ \hat{k}_{12}+\beta\hat{k}_{22}=\dfrac{-\sqrt{r}\left(-1+\sqrt{1+2\beta\sqrt{r}}\right)}{\beta}\end{cases}$$

最优控制：

$$\begin{aligned}u^*(t)&=-\frac{1}{r}(\hat{k}_{11}+\beta\hat{k}_{12})x_1(t)-\frac{1}{r}(\hat{k}_{12}+\beta\hat{k}_{22})x_2(t)\\&=-\frac{1}{\sqrt{r}}x_1(t)-\frac{1}{\beta\sqrt{r}}\left(-1+\sqrt{1+2\beta\sqrt{r}}\right)x_2(t)\end{aligned}$$

5.2　线性连续系统输出跟踪器

5.2.1　线性时变系统的跟踪问题

设线性时变系统为

$$\dot{x}(t)=\boldsymbol{A}(t)x(t)+\boldsymbol{B}(t)u(t),\quad x(t_0)=x_0,\quad y(t)=\boldsymbol{C}(t)x(t) \tag{5-51}$$

其中，$x\in R^n$，$u\in R^p$，$y\in R^m$。

控制 $u(t)$ 不受约束，时变矩阵 $\boldsymbol{A}(t)$、$\boldsymbol{B}(t)$、$\boldsymbol{C}(t)$ 具有适当的维数，且在 $[t_0,t_f]$ 上连续、有界，矩阵对 (A,C) 完全能观。

所谓跟踪问题就是寻找最优控制，使系统的实际输出 $y(t)$ 在给定的时间区间 $[t_0,t_f]$ 上尽可能地逼近理想输出 $z(t)$，而又不过多地消耗能量。

定义误差向量为

$$\boldsymbol{e}(t)=z(t)-y(t)=z(t)-\boldsymbol{C}(t)x(t) \tag{5-52}$$

性能指标为

$$J=\frac{1}{2}\boldsymbol{e}^{\mathrm{T}}(t_f)\boldsymbol{P}\boldsymbol{e}(t_f)+\frac{1}{2}\int_{t_0}^{t_f}\left[\boldsymbol{e}^{\mathrm{T}}(t)\boldsymbol{Q}(t)\boldsymbol{e}(t)+\boldsymbol{u}^{\mathrm{T}}(t)\boldsymbol{R}(t)\boldsymbol{u}(t)\right]\mathrm{d}t \tag{5-53}$$

其中，$\boldsymbol{P}$、$\boldsymbol{Q}(t)$ 为半正定对称矩阵，$\boldsymbol{R}(t)$ 为正定对称矩阵。

Hamilton 函数：

$$\begin{aligned}H=&\frac{1}{2}\left[z(t)-\boldsymbol{C}(t)x(t)\right]^{\mathrm{T}}\boldsymbol{Q}(k)\left[z(t)-\boldsymbol{C}(t)x(t)\right]+\frac{1}{2}\boldsymbol{u}^{\mathrm{T}}(t)\boldsymbol{R}(t)\boldsymbol{u}(t)+\\&\boldsymbol{\lambda}^{\mathrm{T}}(t)\left[\boldsymbol{A}(t)x(t)+\boldsymbol{B}(t)\boldsymbol{u}(t)\right]\end{aligned} \tag{5-54}$$

正则方程：

$$\begin{cases}\dot{x}=\dfrac{\partial H}{\partial \lambda(t)}=\boldsymbol{A}(t)x(t)+\boldsymbol{B}(t)\boldsymbol{u}(t)\\ \dot{\lambda}(t)=-\dfrac{\partial H}{\partial x(t)}=\boldsymbol{C}^{\mathrm{T}}(t)\boldsymbol{Q}(t)\left[z(t)-\boldsymbol{C}(t)x(t)\right]-\boldsymbol{A}^{\mathrm{T}}(t)\lambda(t)\end{cases}\tag{5-55}$$

控制方程：

$$\begin{cases}\dfrac{\partial H}{\partial u(t)}=\boldsymbol{R}(t)u(t)+\boldsymbol{B}^{\mathrm{T}}(t)\lambda(t)=0\\ u^{*}(t)=-\boldsymbol{R}^{-1}(t)\boldsymbol{B}^{\mathrm{T}}(t)\lambda(t)\end{cases}\tag{5-56}$$

边界条件和横截条件：

$$x(t_0)=x_0,\quad \lambda(t_{\mathrm{f}})=\frac{\partial\theta}{\partial x(t_{\mathrm{f}})}=\boldsymbol{C}^{\mathrm{T}}x(t_{\mathrm{f}})P\left[\boldsymbol{C}(t_{\mathrm{f}})x(t_{\mathrm{f}})-z(t_{\mathrm{f}})\right]\tag{5-57}$$

假设

$$\begin{cases}\lambda(t)=K(t)x(t)-g(t)\\ \dot{\lambda}(t)=\dot{K}(t)x(t)+K(t)\dot{x}(t)-\dot{g}(t)K(t_{\mathrm{f}})=\boldsymbol{C}^{\mathrm{T}}(t_{\mathrm{f}})\boldsymbol{PC}(t_{\mathrm{f}})\\ g(t_{\mathrm{f}})=\boldsymbol{C}^{\mathrm{T}}(t_{\mathrm{f}})\boldsymbol{P}\boldsymbol{z}(t_{\mathrm{f}})\end{cases}\tag{5-58}$$

将 $u^{*}(t)$代入 $\dot{x}(t)$，$\dot{x}(t)$代入上式：

$$\begin{aligned}\dot{\lambda}(t)=&\left[\dot{K}(t)+K(t)\boldsymbol{A}(t)-K(t)\boldsymbol{B}(t)\boldsymbol{R}^{-1}(t)\boldsymbol{B}^{\mathrm{T}}(t)K(t)\right]x(t)+\\&K(t)\boldsymbol{B}(t)\boldsymbol{R}^{-1}(t)\boldsymbol{B}^{\mathrm{T}}(t)g(t)-\dot{g}(t)\end{aligned}\tag{5-59}$$

将 $\lambda(t)$代入正则方程：

$$\begin{aligned}\dot{\lambda}(t)=&\left[-\boldsymbol{C}^{\mathrm{T}}(t)\boldsymbol{Q}(t)\boldsymbol{C}(t)-\boldsymbol{A}^{\mathrm{T}}(t)K(t)\right]x(t)+\boldsymbol{A}^{\mathrm{T}}(t)g(t)+\\&\boldsymbol{C}^{\mathrm{T}}(t)\boldsymbol{Q}(t)z(t)\end{aligned}\tag{5-60}$$

式(5-57)和式(5-58)对任意时刻的 $t\in[t_0,t_{\mathrm{f}}]$，任何 $x(t)$及任何 $z(t)$均成立。

$$\begin{aligned}\therefore\dot{K}(t)=&-K(t)\boldsymbol{A}(t)-\boldsymbol{A}^{\mathrm{T}}(t)K(t)+K(t)\boldsymbol{B}(t)R^{-1}(t)\boldsymbol{B}^{\mathrm{T}}(t)K(t)-\\&\boldsymbol{C}^{\mathrm{T}}(t)\boldsymbol{Q}(t)\boldsymbol{C}(t)g(t)=\left[K(t)\boldsymbol{B}(t)R^{-1}(t)\boldsymbol{B}^{\mathrm{T}}(t)-\boldsymbol{A}^{\mathrm{T}}(t)\right]g(t)-\\&\boldsymbol{C}^{\mathrm{T}}(t)\boldsymbol{Q}(t)z(t)\end{aligned}\tag{5-61}$$

上述两方程的边界条件为

$$K(t_{\mathrm{f}})=\boldsymbol{C}^{\mathrm{T}}(t_{\mathrm{f}})\boldsymbol{PC}(t_{\mathrm{f}}),\quad g(t_{\mathrm{f}})=\boldsymbol{C}^{\mathrm{T}}(t_{\mathrm{f}})\boldsymbol{P}\boldsymbol{z}(t_{\mathrm{f}})\tag{5-62}$$

利用计算机逆时间求数值解，得到 $K(t)$、$g(t)$后，得出最优控制：

$$u^{*}(t)=-\boldsymbol{R}^{-1}(t)\boldsymbol{B}^{\mathrm{T}}\left[K(t)x(t)-g(t)\right]\tag{5-63}$$

最优轨线由下式解出：

$$\dot{x}(t)=\left[\boldsymbol{A}(t)+\boldsymbol{B}(t)\boldsymbol{R}^{-1}(t)\boldsymbol{B}^{\mathrm{T}}(t)K(t)\right]x(t)+\boldsymbol{B}(t)\boldsymbol{R}^{-1}(t)\boldsymbol{B}^{\mathrm{T}}(t)g(t)\tag{5-64}$$

最优性能指标：

$$J=\frac{1}{2}\boldsymbol{x}^{\mathrm{T}}(t_0)K(t_0)x(t_0)-\boldsymbol{g}^{\mathrm{T}}(t_0)x(t_0)+\phi(t_0) \tag{5-65}$$

$\phi(t)$满足下列微分方程及边界条件：

$$\begin{cases}\dot{\phi}(t)=-\frac{1}{2}\boldsymbol{z}^{\mathrm{T}}(t)\boldsymbol{Q}(t)\boldsymbol{z}(t)-\boldsymbol{g}^{\mathrm{T}}(t)\boldsymbol{B}(t)\boldsymbol{R}^{-1}(t)\boldsymbol{B}^{\mathrm{T}}(t)\boldsymbol{g}(t)\\ \phi(t)=\boldsymbol{z}^{\mathrm{T}}(t_{\mathrm{f}})\boldsymbol{Q}(t_{\mathrm{f}})\boldsymbol{z}(t_{\mathrm{f}})\end{cases} \tag{5-66}$$

例 5-8：已知一阶系统方程为

$$\dot{x}(t)=ax(t)+u(t),\quad x(0)=x_0,\quad y(t)=x(t)$$

其中，a 为常数，$u(t)$不受约束，用 $z(t)$表示期望的输出。误差为 $e(t)=z(t)-y(t)=z(t)-x(t)$，试求最优控制 $u^*(t)$，使性能指标

$$J=\frac{1}{2}fe^2(t_{\mathrm{f}})+\frac{1}{2}\int_{t_0}^{t_{\mathrm{f}}}[qe^2(t)+ru^2(t)]\,\mathrm{d}t$$

取极小值，其中 $f\geqslant 0, q>0, r>0$。

解：

$$A=a,\quad B=1,\quad C=1,\quad P=f,\quad Q=q,\quad R=r$$

黎卡提方程及边界条件为

$$\dot{k}=-ka-ak+k\cdot\frac{1}{r}k-q,\quad k(t_{\mathrm{f}})=f$$

其解为

$$k(t)=r\cdot\frac{a+\beta-\dfrac{\dfrac{f}{r}-a-\beta}{\dfrac{f}{r}-a+\beta}\cdot(a-\beta)\cdot\exp[2\beta(t-t_{\mathrm{f}})]}{1-\dfrac{\dfrac{f}{r}-a-\beta}{\dfrac{f}{r}-a+\beta}\cdot\exp[2\beta(t-t_{\mathrm{f}})]}$$

式中，

$$\beta=\sqrt{a^2+\frac{q}{r}},\quad \dot{g}(t)=-\left[a-\frac{k(t)}{r}\right]g(t)-qz(t_{\mathrm{f}}),\quad g(t_{\mathrm{f}})=fz(t_{\mathrm{f}})$$

最优控制规律为

$$u^*(t)=-R^{-1}\boldsymbol{B}^{\mathrm{T}}[K(t)x(t)-g(t)]=-\frac{1}{r}[k(t)x(t)-g(t)]$$

例 5-9：设系统状态方程为

$$\dot{x}_1=x_2,\quad \dot{x}_2=u$$

初始条件为 $t_0=0, x_1(0)=x_{10}, x_2(0)=x_{20}$，输出方程为 $y=x_1$，求最优控制 $u(t)$，使性能指标 $J=\frac{1}{2}\int_{t_0}^{t_{\mathrm{f}}}[(x_1-z)^2+u^2]\,\mathrm{d}t$ 为最小，$z=a$。

解：

$$\boldsymbol{A}=\begin{bmatrix}0 & 1\\0 & 0\end{bmatrix},\quad \boldsymbol{B}=\begin{bmatrix}0\\1\end{bmatrix},\quad \boldsymbol{C}=[1\quad 0],\quad Q=1,\quad R=1,\quad P=0$$

代入黎卡提方程，得：

$$\begin{cases}\dot{k}_{11}=-1+k_{12}^2\\ \dot{k}_{12}=-k_{11}+k_{12}k_{22}\\ \dot{k}_{22}=-2k_{12}+k_{22}^2\end{cases}$$

终端条件为

$$k_{11}(t_f)=k_{12}(t_f)=k_{22}(t_f)=0$$

如果设 $t_f\to\infty$，$\dot{k}_{11}=\dot{k}_{12}=\dot{k}_{22}=0$，$k_{11}=k_{22}=\sqrt{2}$，$k_{12}=k_{21}=1$，$\boldsymbol{g}=\begin{bmatrix}g_1\\g_2\end{bmatrix}$，代入 $\dot{g}=-[\boldsymbol{A}-\boldsymbol{B}R^{-1}\boldsymbol{B}^{\mathrm{T}}\boldsymbol{K}]^{\mathrm{T}}\boldsymbol{g}-\boldsymbol{C}^{\mathrm{T}}Qz\dot{g}_2=-g_1+\sqrt{2}\,g_2$，终端条件 $g_1(t_f)=g_2(t_f)=0$；如果设 $t_f\to\infty$，$\dot{g}_1=\dot{g}_2=0$，$g_2=z=a$，$g_1=\sqrt{2}a$，最后，最优控制为

$$u^*(t)=-R^{-1}\boldsymbol{B}^{\mathrm{T}}[Kx-\boldsymbol{g}]=-x_1-\sqrt{2}x_2+g_2$$

5.2.2 线性定常系统的跟踪问题

对于线性定常系统，如果要求输出为常数向量，且终端时刻 t_f 很大时，则可按上述线性时变系统的方法推导出一个近似的最优控制规律，虽然这个结构并不适应 t_f 趋向无穷大的情况，但对一般工程系统是足够精确的，有重要的实用价值。

设线性定常系统状态表达式为

$$\begin{cases}\dot{x}=\boldsymbol{A}x+\boldsymbol{B}\\ y=\boldsymbol{C}x\end{cases}\tag{5-67}$$

系统能控且能观测，设要求的输出 z 为常数向量，误差

$$e(t)=z-y(t)=z-C(t)x(t)\tag{5-68}$$

性能指标

$$J=\frac{1}{2}\int_{t_0}^{t_f}(\boldsymbol{e}^{\mathrm{T}}\boldsymbol{Q}\boldsymbol{e}+\boldsymbol{u}^{\mathrm{T}}\boldsymbol{R}\boldsymbol{u})\,\mathrm{d}t\tag{5-69}$$

其中，$\boldsymbol{Q}$ 和 $\boldsymbol{R}$ 为正定的。当终端时间 t_f 足够大且有限时，得出如下近似结果：
最优控制为

$$u^*(t)=-\boldsymbol{R}^{-1}\boldsymbol{B}^{\mathrm{T}}[\boldsymbol{K}x(t)-\boldsymbol{g}]\tag{5-70}$$

$\boldsymbol{K}$ 和 $\boldsymbol{g}$ 满足：

$$-\boldsymbol{K}\boldsymbol{A}-\boldsymbol{A}^{\mathrm{T}}\boldsymbol{K}+\boldsymbol{K}\boldsymbol{B}\boldsymbol{R}^{-1}\boldsymbol{B}^{\mathrm{T}}\boldsymbol{K}-\boldsymbol{C}^{\mathrm{T}}\boldsymbol{Q}\boldsymbol{C}=0,\quad g\approx(\boldsymbol{K}\boldsymbol{B}\boldsymbol{R}^{-1}\boldsymbol{B}^{\mathrm{T}}-\boldsymbol{A}^{\mathrm{T}})^{-1}\boldsymbol{C}^{\mathrm{T}}\boldsymbol{Q}z\tag{5-71}$$

最优轨线应满足：

$$\dot{x}=(\boldsymbol{A}-\boldsymbol{B}\boldsymbol{R}^{-1}\boldsymbol{B}^{\mathrm{T}}\boldsymbol{K})x+\boldsymbol{B}\boldsymbol{R}^{-1}\boldsymbol{B}^{\mathrm{T}}\boldsymbol{g} \tag{5-72}$$

例 5-10：设系统动态方程为

$$\dot{x}=\begin{bmatrix}0 & 1\\ 0 & -2\end{bmatrix}x+\begin{bmatrix}0\\ 20\end{bmatrix}u,\quad y=\begin{bmatrix}1 & 0\end{bmatrix}x$$

性能指标

$$J=\int_0^{\infty}\{[y(t)-1]^2+u^2(t)\}\,\mathrm{d}t$$

即 $z=1$,求最优控制使 J 为最小。

解：

$$\boldsymbol{A}=\begin{bmatrix}0 & 1\\ 0 & -2\end{bmatrix},\quad \boldsymbol{B}=\begin{bmatrix}0\\ 20\end{bmatrix},\quad \boldsymbol{C}=\begin{bmatrix}1 & 0\end{bmatrix},\quad Q=1,\quad R=1,\quad z=1$$

设

$$\boldsymbol{K}(t)=\begin{bmatrix}k_{11} & k_{12}\\ k_{12} & k_{22}\end{bmatrix}$$

代入黎卡提方程,得：

$$\begin{cases}400k_{12}^2-1=0\\ 400k_{12}k_{22}-k_{11}+2k_{12}=0\\ 400k_{22}^2+4k_{22}-2k_{12}=0\end{cases}\Rightarrow \boldsymbol{K}=\begin{bmatrix}\dfrac{6.63}{20} & 0.05\\ 0.05 & \dfrac{4.63}{400}\end{bmatrix}$$

$$g=[\boldsymbol{K}\boldsymbol{B}R^{-1}\boldsymbol{B}^{\mathrm{T}}-\boldsymbol{A}^{\mathrm{T}}]^{-1}\boldsymbol{C}^{\mathrm{T}}Qz=\begin{bmatrix}\dfrac{6.63}{20}\\ \dfrac{1}{20}\end{bmatrix}z$$

最优控制律为

$$\begin{aligned}u^*(t)&=-R^{-1}\boldsymbol{B}^{\mathrm{T}}(\boldsymbol{K}x-\boldsymbol{g})\\ &=-\begin{bmatrix}1 & \dfrac{4.63}{20}\end{bmatrix}x+z\\ &=1-x_1-0.23x_2\end{aligned}$$

习题

1. 连续时间系统的极小值原理

对于以下连续时间线性系统：

$$\dot{x}(t)=\boldsymbol{A}x(t)+\boldsymbol{B}u(t)$$

设计控制 $u(t)$使得性能指标

$$J=\int_0^{T}[x^{\mathrm{T}}(t)\boldsymbol{Q}x(t)+u^{\mathrm{T}}(t)Ru(t)]\,\mathrm{d}t$$

最小化，其中，$\boldsymbol{A}=\begin{bmatrix}0 & 1\\-1 & 0\end{bmatrix}$，$\boldsymbol{B}=\begin{bmatrix}0\\1\end{bmatrix}$，$\boldsymbol{Q}=\boldsymbol{I}$，$R=1$。

2. 最小时间控制(时间最优控制)

对于系统

$$\dot{x}(t)=\begin{bmatrix}0 & 1\\0 & 0\end{bmatrix}x(t)+\begin{bmatrix}0\\1\end{bmatrix}u(t)$$

初始状态 $x(0)=\begin{bmatrix}1\\0\end{bmatrix}$，终端状态 $x(T)=\begin{bmatrix}0\\0\end{bmatrix}$，设计最小时间控制 $u(t)$。

3. 最小燃料消耗控制

对于系统

$$\dot{x}(t)=\boldsymbol{A}\boldsymbol{x}(t)+\boldsymbol{B}u(t)$$

设计控制 $u(t)$ 使得性能指标

$$J=\int_0^T |u(t)|\,\mathrm{d}t$$

最小化，其中 $\boldsymbol{A}=\begin{bmatrix}0 & 1\\-1 & 0\end{bmatrix}$，$\boldsymbol{B}=\begin{bmatrix}0\\1\end{bmatrix}$，$\boldsymbol{C}=\begin{bmatrix}1\\0\end{bmatrix}$，$\boldsymbol{x}(T)=\begin{bmatrix}0\\0\end{bmatrix}$。

4. 线性离散系统状态调节器设计

设计一个线性离散系统状态调节器，使系统

$$x_{k+1}=\boldsymbol{A}x_k+\boldsymbol{B}u_k$$

的状态 x_k 在给定步数内从 $x(0)$ 调节到 $x(N)$。假设系统矩阵 $\boldsymbol{A}$ 和控制矩阵 $\boldsymbol{B}$ 分别为 $\boldsymbol{A}=\begin{bmatrix}1 & 1\\0 & 1\end{bmatrix}$，$\boldsymbol{B}=\begin{bmatrix}0\\1\end{bmatrix}$，初始条件 $x(0)=\begin{bmatrix}1\\0\end{bmatrix}$，终端条件 $x(N)=\begin{bmatrix}0\\0\end{bmatrix}$。

5. 线性定常系统的跟踪问题

对于系统

$$\dot{x}(t)=\boldsymbol{A}x(t)+\boldsymbol{B}u(t)$$

设计控制 $u(t)$ 使得状态 $x(t)$ 跟踪给定参考轨迹 $\boldsymbol{r}(t)$。其中 $\boldsymbol{A}=\begin{bmatrix}0 & 1\\-1 & 0\end{bmatrix}$，$\boldsymbol{B}=\begin{bmatrix}0\\1\end{bmatrix}$，$\boldsymbol{r}(t)=\begin{bmatrix}\cos(t)\\\sin(t)\end{bmatrix}$。

第6章

博弈论介绍

博弈论(game theory)又称为对策论,是研究具有冲突因素问题的数学分支,也可视为冲突环境下的决策理论,该理论在经济、政治、军事、外交、生物和体育竞赛等多个领域广泛应用。博弈论是一门社会科学,同时是与经济学相关的前沿学科,在现代经济学中扮演着重要且不可忽视的角色。诺贝尔经济学奖自 1994 年以来多次颁发给博弈论专家,这一点更加凸显了其重要性。

博弈论主要研究各类冲突环境下的决策方法。每个成年人(甚至中小学生)每天都会面临各种决策问题,从饮食和购物等小事,到各种工作的重要事务,人与自然、人与人之间的关系永远是相互依存又相互冲突、相互合作又相互竞争的。因此,了解博弈论对于人们日常生活和工作有所助益。然而在现实决策中,绝不可将博弈论视为像解一元二次方程一样简单套用求根公式,博弈论是一种思维方式而非单纯的公式,不能直接套用。一个决策的成功取决于决策者对于影响所要实现目标的因素的了解,以及设计并实施整套方案以达成目标。因此博弈论描述了如何从不同角度分析问题,在何种条件下设计计划,并具体指导计划的设计过程。

6.1 博弈论背景

博弈论的思想早在古代就已产生了,只是它在当时仅研究棋局、赌博中的一些胜负问题,并未经过系统化的归纳总结而形成具有体系的理论。最具代表性的博弈论研究者是著名的军事家孙武,他的《孙子兵法》既是一本军事著作,也是一部博弈论专著。但是当时的人们对于博弈思想只局限在经验的积累上,而且此阶段的博弈论是相对粗浅的,所以一直没有形成专业的理论基础,直到 20 世纪初期,它才正式发展成为一门学科。本节主要介绍博弈论的背景及发展。

6.1.1 冲突与合作的概念

关于冲突的概念,每个人都有属于自己的直观理解。然而,为了我们的学习目标,需要一个明确有力的阐述。

在现实生活中，为了生存，每个人都有对某些必要资源的需求，且不仅限于物质方面。如果人们需要分配有限的资源，他们必须在分配机制上达成一致，抑或是为之争斗。因此，合作和冲突的根源就出现了。

一般来说，可以把冲突的概念描述为一种情况，在这种情况下，人们必须为了满足自己的需求而争夺一些有限的资源。合作是人们为了公平分配有限的资源而共同行动的一种情况。实际上，按传统来讲涉及其中的因素通常被命名为参与者、中间人、活动者、个人和群体。由于他们的需求可能是非物质性质的，也可能是兴趣、信仰、见识、目标等。

但是，在这种背景下，博弈论在工程领域的作用是什么呢？在后面章节将详细论述。

6.1.2 博弈论的起源与发展

在我们生活周围经常会有各种各样的博弈问题，博弈可以是多人参与的，也可以在多个团体之间进行。在博弈中，参与者会受到特定条件的制约，且都希望能够实现自身利益的最大化，参与者往往会根据对手的策略来实施对应的策略。从这个意义上来看，博弈论又可以被称作对策论，同时它还有一个较为通俗的名字，即赛局理论。博弈具有斗争性和竞争性的现象，而博弈论所研究的就是这类现象的理论和方法。

博弈论通常被认为是应用数学的一个分支，或者是运筹学领域的重要学科。我们容易理解，游戏和博弈中的激烈结构之间有着相互作用，而博弈论正是从数学的角度来研究这种相互作用。

在一个博弈过程中，参与者通常会根据对手的行为而优化调整自己的对应策略。从表面上看，尽管一些博弈中相互作用不尽相同，但是在运营过程中却能表现出雷同的激励结构，最具代表性的例子就是囚徒困境。

对于博弈行为，可以将其解释为一种竞争性行为，换句话讲，这类行为往往具有对抗的性质。在局中的参与者们都带有不同的目标和利益，每个人都会向着自己的目标前进，并且根据对手采取或者可能采取的策略进一步制定自己的对策，使得自身的利益得到保障，甚至能够获得更多的利益。我们日常生活中诸多活动行为都属于博弈行为，例如下棋、球类竞技等。

综上所述，我们可以大致了解博弈论主要研究的内容：博弈论就是以研究者的角度，充分考虑参与博弈的各方代表所有可能采取的行为方案，并运用数学方法寻找最优的策略的一种理论方法。其主要工具是数学，因此严格来讲它是一种数学方法。

最早研究博弈论的是策墨洛、波雷尔和约翰·冯·诺依曼，策墨洛的研究第一次将数学与博弈现象尝试结合起来，波雷尔又极大地推动了博弈论的发展，而约翰·冯·诺依曼和奥斯卡·摩根斯坦对博弈论进行了第一次系统化和形式化的总结研究。此后，约翰·福布斯·纳什提出了“纳什均衡”的概念，他认为博弈过程中存在一个均衡点，并通过不动定理成功验证了该点的存在，这一研究为博弈论的普及奠定了重要的理论基础。

除了策墨洛、波雷尔、约翰·冯·诺依曼、奥斯卡·摩根斯坦和约翰·福布斯·纳什外，还有很多学者对博弈论的发展贡献了不可磨灭的推动性力量，如塞尔顿和哈桑尼等。其中塞尔顿完善了纳什均衡理论，将一些不合理的均衡点排除，形成了两个精练的均衡新概念，即子博弈完全均衡和颤抖之手完美均衡。

时至今日，博弈论已经发展为一门相对成熟和完善的学科，而且在许多学科领域获得了广泛的应用，我们将在后面章节对博弈论的应用领域进行简要的介绍。

6.1.3　博弈论的要素

博弈论将基础建立于众多现实博弈案例之上，而博弈这一现象具备了一定的要素，主要包括五个方面：局中人、策略、得失、次序、均衡。

局中人指的是博弈过程的参与者，每个参与者都可以针对自身情况做出决策，但不能改变其他参与者的决策。若按参与者的人数对博弈进行分类，那么将只有两个局中人的博弈称为“二人博弈”，而局中人超过两个的情况则被称为“多人博弈”。

策略是博弈过程中局中人所做出的具有可行性的行动方案，需要注意的是，局中人的一个策略并不是局中人某一阶段的过程所采取的行动方案，而是指他在整个博弈过程中贯彻始终的一个行动方案。

在博弈当中，局中人的结果并不唯一，通常会出现有得有失的局面，因此每局博弈的结果称为得失。其与两个因素相关：一是自身所选定的策略，二是其他局中人所选定的策略。在这里可以定义一个函数，它是根据所有局中人选定的一组策略函数，并且可以判定每个局中人在博弈结束时的得失，人们称其为支付函数。

当局中人做出决策时，由于每个人的速度有快有慢，所以时间不尽相同。与此同时，每个局中人都需要做出尽可能多的决策，这些决策的优先级也有高低之分，这些博弈的次序能决定博弈的结果。换句话讲，在保证其他要素不变的情况下，若局中人采取的决策和选择的次序不同，博弈也会不同。

每场博弈都离不开均衡问题，当然这也是博弈的核心问题。所谓均衡，即指平衡，具体来讲，就是相关变量处于一个稳定值，这个术语在经济学中较为常见。例如，若一家商场的商品能够处于一个均衡值，使得人们对于这种商品能够做到随意的买卖，那么这个商品的价格就是所指的均衡值。在这个价格的保障下，商品的供求就可以达到均衡状态。纳什均衡就是这样的一个稳定的博弈结果。

6.1.4　博弈论的应用领域介绍

博弈论模型可应用于众多学科及工程领域，下面是关于部分领域应用的简要介绍。

1. 户外竞赛或棋盘竞技

在诸如足球或橄榄球之类的户外活动及国际象棋或跳棋这样的棋盘竞技中，可以将参与者的决策视为给定集合的元素，即所谓的决策集，而获胜的概率就是每个参与者都希望最大化的收益。因此，这类竞技活动可以通过博弈论进行数学描述。例如，橄榄球中的某些战术只有在假设对手采用某种战术的情况下才会成功，一个常见的观点是将战术选择同化为石头剪刀布的游戏，而博弈论算法为此提供了理论基础。博弈论算法融合了算法设计、博弈论和人工智能等要素。

2. 商业及经营运作

当许多公司在同一个市场经营时，它们通常会形成竞争关系，它们的运营状况有时与其对新产品在市场中影响的预测及将如何改变竞争对手的运营政策的能力有关，这涉及对当前市场需求和引入新产品后潜在竞争对手的应对战略分析。

3. 军事和民防

在防御领域，博弈论首次提出了战略思维的概念。所谓战略思维，就是在做决策之前将自己置于对手的位置上进行思考，这样的角色互换策略是该理论发展的一个里程碑。在军事应用中，如涉及导弹追击战斗机的任务，通常是根据博弈论模型制定的。

4. 工程应用、机器人和多智能体系统

在工程应用的广泛领域内，博弈论开发了具有分布式任务分配的自动化机器人车辆的运动模型，机器人的操作和在移动障碍中的路径规划也是一个经典的博弈论应用。

5. 通信网络

在社交网络中，人们经常会涉及创新推广的分析或者观点的传播，在这些方面，博弈论为某些行为或者观点的产生提供了基本的见解。在通信网络中，博弈论通常用于设计带宽分配策略、提高安全性和减少威胁等任务。

6.2 博弈论分支及方法

6.2.1 博弈的分类

博弈根据不同的角度可以分为多种类型：

(1) 若根据博弈中的参与者是否达成一个具有约束力的协议来划分，博弈可被分成合作博弈和非合作博弈。具体来讲，就是当相互作用的局中人在博弈过程当中制定了一个具有约束力的协议时，这个博弈就是合作博弈。反之，若没有制定，该博弈就是非合作博弈。

(2) 若根据局中人行为的时间序列性来划分，博弈也可分为两类，即静态博弈和动态博弈。所谓静态博弈，指的是局中人同时选择所要采取何种行动的博弈，或者在博弈过程中后做出选择的人不清楚先选择的人的策略而做出行动的博弈。所谓动态博弈，指的是局中人的行动有先后顺序，且后做出选择的人知道先做出选择之人的行动。著名的"囚徒困境"中，局中人的选择是同时进行的，或在相互不知道的情况下进行的，所以它属于典型的静态博弈。而我们常玩的棋牌类游戏中，后行者总是知道先行者选择的行动，所以它属于动态博弈。

(3) 若根据局中人对彼此的了解程度来划分，博弈同样能分为两类：完全信息博弈和不完全信息博弈。在第一类博弈中，每位参与者都能准确地知道所有其他参与者的信息，包括个人特征、收益函数、策略空间等。反之，在第二类博弈中，每位参与者对其他局中人的信息都不够了解，或者说无法充分了解其他参与者的信息。

(4) 若根据策略的有限性和无限性，博弈还可以分为"有限博弈"和"无限博弈"。顾名思义，在有限博弈中，局中人的策略是有限的。反之，在无限博弈中，局中人的策略是无限的。

6.2.2 纳什均衡

在往下进行讨论之前，首先要了解纳什均衡这个概念。在6.1节中曾提到了纳什均衡理论的创始人——约翰·福布斯·纳什，那么纳什均衡具体指什么呢？纳什均衡是一种行为模式，假设其他参与者不改变他们的行为，任何参与者都不能通过偏离它而获得更好的收益，这就产生了单方面偏差的概念，即只有一个玩家改变了自己的选择，而其他人则坚持当前的选择、行动或决定。因此，可以简单地说，在纳什均衡中，单边偏差对任何参与者都没有好处。

简单来讲，它指的是博弈中的所有人都将面临一种特殊情况，即当对手保持自己的策略不变时，他当前的策略是最优选择，如果参与者改变他当前的策略，那么他的利益就会受损。只要博弈中的参与者都保持理性，则他们在纳什均衡点上就不会有改变自身策略的冲动。

本节内容涉及部分泛函分析等其他数学领域的理论方法，由于篇幅有限，读者可自行查找资料进行查阅。

定义 6-1：一个博弈中，如果存在一个策略组合，单个局中人独自离开这个策略组合，其收益不会增加，则称此策略组合为该博弈的一个纳什均衡。

或者写为：

定义 6-2：对 $G(N,S,u)$，如 $\exists(\alpha_1^*,\alpha_2^*,\cdots,\alpha_n^*)$，使得 $\forall i$，$\forall a_{ij}\in S_i$，有 $u_i(a_i^*,a_{-i}^*)\geqslant u_i(a_{ij},a_{-i}^*)$，则称 $\exists(\alpha_1^*,\alpha_2^*,\cdots,\alpha_n^*)$ 为 $G(N,S,u)$ 的一个纳什均衡。

下面证明纳什均衡的存在性定理。

定理 6-1：任何一个有限博弈都至少存在一个纳什均衡(纯策略均衡或混策略均衡)。

证明 对一博弈 $G(N,S,u)$，其中 $N=\{1,2,\cdots,n\}$ 为局中人集合，当然是一个非空集合，策略空间为 $S=S_1\times S_2\times\cdots\times S_n$，局中人 i 的策略集为 S_i，S_i 是非空集合，u_i 为 S 到实数集 $\Re$ 的函数，表示局中人 i 的收益，$u_i=u_i(\alpha_1,\alpha_2,\cdots,\alpha_n)=u_i(\alpha_i,\alpha_{-i})$，$u=(u_1,u_2,\cdots,u_n)$，$\forall i\in\mathbb{N}$，即 $i=1,2,\cdots,n$。

由于所讨论的是有限博弈，可写局中人 i 的策略集为 $S_i=\{\alpha_{i1},\alpha_{i2},\cdots,\alpha_{im}\}$，则局中人 i 的一个混策略为 $\sigma_i=(p_{i1},p_{i2},\cdots,p_{im})$，且 $p_{ij}\geqslant 0$，$p_{i1}+p_{i2}+\cdots+p_{im}=1$，其中 p_{ij} 为局中人 i 取纯策略 α_{ij} 的概率。局中人 j 的混策略集为 $\Omega_i=\{\sigma_i=(p_{i1},p_{i2},\cdots,p_{im})\mid p_{ij}\geqslant 0,p_{i1}+p_{i2}+\cdots+p_{im}=1\}$，这是一个单位单纯形，一个博弈 G 的混策略空间为 $\Omega=\Omega_1\times\Omega_2\times\cdots\times\Omega_n$。

局中人 i 的混策略集要处理的是如何使 $u_i(\sigma_i,\sigma_{-i})$ 最大，或者说对每一个 σ_{-i}，局中人 i 在 Ω_i 上寻找使得 $u_i(\sigma_i,\sigma_{-i})$ 最大的 σ_i。因为对每一个 σ_{-i}，使得 $u_i(\sigma_i,\sigma_{-i})$ 最大的 σ_i 可能有多个，因此这是一个多值映射 $f:\Omega\to\Omega$，其中 $f=(f_1,f_2,\cdots,f_n)$，$f_i=\underset{\sigma_i}{\operatorname{argmax}}\,u_i(\sigma_i,\sigma_{-i})$，$f$ 的不动点就是这个博弈的一个混策略纳什均衡。要证明映射 f 有不动点，也就是要证明对局中人 i，有 $\sigma_i\in f_i(\sigma)$。下面观察角谷劲夫不动点定理的条件能否满足。

因为 σ_i 是一个单纯形，是非空的、紧的凸集，而 $u_1(\sigma_i,\sigma_{-i})=p_{i1}u_i(\alpha_{i1},\sigma_{-i})+p_{i2}u_i(\alpha_{i2},\sigma_{-i})+\cdots+p_{im}(\alpha_{im},\sigma_{-i})$ 关于 $p_{i1},p_{i2},\cdots,p_{im}$ 连续，前面提到连续函数在紧集上取得最大值和最小值，所以 $f_i(\sigma)$ 或 $f(\sigma)$ 非空。如果 $u_i(\sigma_i',\sigma_{-i})=c$ 和 $u_i(\sigma_i'',\sigma_{-i})$，$c$ 是一个常数，则 $0\leqslant\lambda\leqslant 1$，直接计算得 $u_i[\lambda\sigma_i'+(1-\lambda),\sigma_{-i}]=c$，$f_i(\sigma)$ 及 $f(\sigma)$ 是凸的集合，最后观察 f 是否是闭映射。

假设 f 不是闭映射，即存在 $\sigma_m=(\sigma_{im},\sigma_{-im})$ 和 $\sigma=(\sigma_i,\sigma_{-i})$ 及 $\bar{\sigma}=(\bar{\sigma}_i,\sigma_{-i})$，使得 $m\to\infty$ 时，$\sigma_m\to\sigma$，当然 $\sigma_{im}\to\sigma_i$ 和 $\sigma_{-im}\to\sigma_{-i}$，并且 $\sigma_m\in f(\sigma_m)$，但 $\sigma\notin f(\sigma)$。也就是说，存在 i，使得 $u_i=(\bar{\sigma}_i,\sigma_{-i})>u_i=(\sigma_i,\sigma_{-i})$，记 $u_i(\bar{\sigma}_i,\sigma_{-i})-u_i(\sigma_i,\sigma_{-i})=4\mu$，所以 $u_i(\bar{\sigma}_i,\sigma_{-i})>u_i(\sigma_i,\sigma_{-i})+3\mu$。

由于 $u_i(\sigma_i,\sigma_{-i})$ 关于 σ 连续，则关于 σ_i 和 σ_{-i} 都连续，因此对任取的 ε，有 $|u_i(\sigma_{im},\sigma_{-im})-u_i(\sigma_i,\sigma_{-i})|<\varepsilon$ 和 $|u_i(\bar{\sigma}_i,\sigma_{-im})-u_i(\bar{\sigma}_i,\sigma_{-i})|<\varepsilon$，得 $u_i(\sigma_{im},\sigma_{-im})<u_i(\sigma_i,\sigma_{-i})+\varepsilon$ 和 $u_i(\bar{\sigma}_i,\sigma_{-i})-\varepsilon<u_i(\bar{\sigma}_i,\sigma_{-im})$，取 $\varepsilon=\mu$，得 $u_i(\sigma_{im},\sigma_{-im})<u_i(\sigma_i,\sigma_{-i})+3\varepsilon-\mu<u_i(\bar{\sigma}_i,\sigma_{-i})-\mu<u_i(\bar{\sigma}_i,\sigma_{-im})$，这就有 $(\sigma_{im},\sigma_{-im})\notin f(\sigma_{im},\sigma_{-im})$，矛盾。因此 f 是闭映射。角谷劲夫不动点定理的条件都能满足，得到 f 存在不动点，定理得证。

6.2.3 博弈论经典案例

1. 零和博弈

零和博弈也称为零和游戏。生活中，下棋、扑克、桌球等比赛都属于零和博弈。可以将博弈看作两个人下围棋的场景，在绝大多数情况下，对弈的参与者总会有输有赢。假设提前规定赢的一方可以获得1分，而输的一方就要扣掉1分，即(−1)。在此情况下，双方的得分便是1+(−1)=0。通过这个最通俗的例子概述了零和博弈的思想，一方输另一方赢，那么整个对局的总收益便是0。

因此，零和博弈属于非合作博弈，即参与博弈对局的双方在严格遵守博弈规则的前提条件下，若是其中一方可以获得利益，也就意味着另一方的利益必然受损。所以博弈双方的收益和损失之和永远为零，即博弈双方不存在合作的可能性。

猜硬币游戏：这是一种常见的游戏，由两个人参与。规则是参与游戏的一方(玩家1)盖住硬币，由另一方(玩家2)来猜是正面朝上还是反面朝上。如果玩家1猜对，则获得1的收益，玩家2获得(−1)的收益。反之，如果玩家1猜错，他将获得(−1)的收益，玩家2获得1的收益。这显然是一个零和博弈，因为一个人的胜利必然引起另一个人的失败，并且两人总收益为零。用收益矩阵来表示这个博弈，如图6-1所示。

$$\begin{array}{ccc} & & \text{玩家2} \\ & & \begin{array}{cc}\text{正面} & \text{反面}\end{array} \\ \text{玩家1} & \begin{array}{c}\text{正面}\\ \text{反面}\end{array} & \begin{bmatrix} (1,-1) & (-1,1) \\ (-1,1) & (1,-1) \end{bmatrix} \end{array}$$

图6-1 猜硬币游戏

上述矩阵中，参与方为玩家1和玩家2，每个玩家有两种策略，因此共有4种策略组合，矩阵每个元素代表在特定的策略下两方获得的收益(逗号前后分别代表玩家1和玩家2各自的收益)。由于玩家1和玩家2互相不知道对方的策略，可以看作两方同时做出决策。

2. 囚徒困境

我们知道现代博弈论包含许多重要的例子或特定的模型，它们在概念上对不同的科学领域和人类活动领域非常重要。通常来讲，它们捕捉现实生活中经常遇到的不同冲突情况和战略互动的本质，并在更复杂的情况下呈现出来，而囚徒困境就是一个典型的例子。20世纪50年代，囚徒困境首次被美国的梅里尔·弗勒德和梅尔文·德雷希尔提出，并拟定了相关困境的理论。随后，美国兰德公司的顾问艾伯特·塔克正式用“囚徒”的形式将其表述出来，并且正式命名为“囚徒困境”。威廉·庞德斯通将两位科学家提出的囚徒困境描述为博弈论自诞生以来最具影响力的发现，其重要性也在威廉·庞德斯通的专著中得到了体现。

接下来将简要地讨论囚徒困境的内容和本质，并总结其主要特征。

首先建立这样一种模型：两名共谋囚犯被逮捕并接受监禁，他们被判决的监禁刑期最高可达两年。警方怀疑他们还犯下了更严重的罪行，若怀疑成立则最高可判20年有期徒刑。在监狱中，每名囚犯都被关在单独的牢房里，没有与他人交流的可能性。他们每个人都有两种选择：要么承认更严重的罪行，要么同时保持沉默。如果只有一个人坦白，那么这个揭发者就会从轻处置，或者根据其提供的证据将其释放,而另一个囚犯将会立即被判处 20 年有期徒刑。如果两人都不招供,他们将各自被监禁两年。如果两名囚犯共同认罪,他们将各自被判处 10 年有期徒刑。

可以将这个二人模型抽象为如下收益矩阵:

$$(\boldsymbol{A},\boldsymbol{B})=\begin{bmatrix}-10 & -10 & 0 & -20\\ -20 & 0 & -2 & -2\end{bmatrix} \tag{6-1}$$

按照惯例,往往通过参与者的号码来进行区分:参与者 1 和参与者 2。参与者 1 对应收益矩阵 $\boldsymbol{A}$,参与者 2 对应收益矩阵 $\boldsymbol{B}$。他们有两种策略:承认或不承认。两名参与者都希望获得与其收益矩阵相对应的更大的收益,换句话讲,在本模型中,两名囚徒都会选择能够保证自己获得更大收益(更短的刑期)的策略。第一行和第一列对应表示招供的策略,第二行对应表示不招供的策略。

容易观察到参与者有一个占主导地位的理性策略——坦白/背叛。如果他们招供,即他们都选择了第一种策略,那么他们每个人都会被判 10 年监禁。在这个博弈中,数对(−10,−10)表示相关联的结果:(招供,招供),同时它也满足优势策略均衡、纳什均衡和极小极大解。

同时可以看到,如果两者都是非理性行为,且都不坦白(不合作),则会得到非理性结果(−2,−2),其优于理性结果(−10,−10)。

如果用笛卡儿坐标表示博弈的所有结果,容易得到(−2,−2)是帕累托最优的,并且它优于(−10,−10)。但是它的缺点是:前者是不稳定的,因为参与者很容易单独行动而不与另一个人合作。囚徒困境博弈有一个纳什均衡,但它是帕累托主导的。

注意,在囚徒困境游戏中,参与者面临的困境包括在两种行为类型中做出的选择:

(1) 合作/集体/非理性行为(群体理性);

(2) 非合作/利己/理性行为(个人理性)。

囚徒困境模型还有一个鲜明的特点:它强调了利他主义行为的价值。如果参与者的行为是利他的,并且根据合作伙伴的收益矩阵及如何为合作伙伴带来更好的结果而选择自身的策略,那么对应于结果(合作,合作)的策略(−2,−2),同时属于优势策略均衡、纳什均衡和极小极大解。此外,它也是一个有效的解决方案,即最优解。

前面的讨论提到了利他主义的价值,可以继续延伸,囚徒困境因为其利他主义或自我牺牲的观点,实际上是一个"三难困境"。

囚徒困境博弈的收益矩阵结构可以推广到描述整体类别的相似博弈,例如,

$$(\boldsymbol{A},\boldsymbol{B})=\begin{bmatrix}\gamma & \gamma & \alpha & \delta\\ \delta & \alpha & \beta & \beta\end{bmatrix} \tag{6-2}$$

其中,$\alpha>\beta>\gamma>\delta$,或者有更一般的形式:

$$(\boldsymbol{A},\boldsymbol{B})=\begin{bmatrix} c & \gamma & a & \delta \\ d & \alpha & b & \beta \end{bmatrix} \tag{6-3}$$

其中，$a>b>c>d$ 且 $\alpha>\beta>\gamma>\delta$。此外，参与者们可能会有两种以上的策略，例如，

$$(\boldsymbol{A},\boldsymbol{B})=\begin{bmatrix} c & \gamma & a & \delta & a & \delta & a & \delta \\ d & \alpha & b & \beta & d & \delta & d & \delta \\ d & \alpha & d & \delta & b & \beta & d & \delta \\ d & \alpha & d & \delta & d & \delta & b & \beta \end{bmatrix} \tag{6-4}$$

与经典囚徒困境博弈相比，多维囚徒困境博弈具有新的特点。首先，参与者除他们的主导策略外，还有无可比拟的优势策略。其次，对局存在帕累托最优结果，但参与者必须协调他们的策略选择从而实现它。因此，研究了一种新的行为类型——协调，多维囚徒困境博弈可以看作经典囚徒困境博弈和协调博弈的一种结合。

囚徒困境在现实生活中可以被模拟的情况非常多，例如，工作于一个联合项目中、双寡头垄断、军备竞赛、共同财产、雌雄同体的鱼交配、国家之间的关税战争等。囚徒困境模型中有一个有趣的互联网变体，那就是 TCP 用户的博弈在 TCP 协议中对于退避机制的正确或错误应用。

多人囚徒困境游戏也是如此，下面介绍的例子是一个三人博弈的扩展，在这个博弈中，每个参与者都有无限种策略。

3. 合作博弈

我们来思考一个三人博弈，其中所有的参与者都有相同的策略集：

$$X_1=X_2=X_3=\mathbb{R} \tag{6-5}$$

他们的收益函数是相似的：

$$\begin{cases} f_1(x)=3-(x_1-1)^2-x_2^2-x_3^2 \\ f_2(x)=3-x_1^2-(x_2-1)^2-x_3^2 \\ f_2(x)=3-x_1^2-x_2^2-(x_3-1)^2 \end{cases} \tag{6-6}$$

所有的参与者同时选择他们的策略，每个人都倾向于最大化其收益函数的值。

所有的收益函数都具有相同的最大总值 3，但每个函数在自己的点上实现总值。对于所有参与者来说，当一个参与者选择的策略值为 1 而其他两个参与者选择的策略值为 0 时，总值就达到了。如果他们都选择了策略值为 1，那么在 $x^0=(1,1,1)$的结果方案中，每个人的最终收益都等于 1。容易看出，x^0 方案是一个优势策略均衡和一个纳什均衡。

如果参与者彼此之间愿意合作，那么他们可能会形成一个共同的收益函数：

$$F(x)=\lambda_1 f_1(x)+\lambda_2 f_2(x)+\lambda_3 f_3(x) \tag{6-7}$$

其中，$\lambda_1+\lambda_2+\lambda_3=1,\lambda_1\geqslant 0,\lambda_2\geqslant 0,\lambda_3\geqslant 0$，字符 $\lambda_1,\lambda_2,\lambda_3$ 可以表示为参与者的权

重或用于获得相同测量单位的系数，它们的值可能是参与者之间讨价还价和达成协议的结果。

函数 $F(x)$ 只有一个全局解：

$$x^{*}=(\lambda_1,\lambda_2,\lambda_3) \tag{6-8}$$

对于 x^*，收益函数的值为

$$\begin{cases} f_1(x^*)=3-(\lambda_1-1)^2-\lambda_2^2-\lambda_3^2 \\ f_2(x^*)=3-\lambda_1^2-(\lambda_2-1)^2-\lambda_3^2 \\ f_3(x^*)=3-\lambda_1^2-\lambda_2^2-(\lambda_3-1)^2 \end{cases} \tag{6-9}$$

容易观察到，对于特定的 $x^*=\left(\frac{1}{3},\frac{1}{3},\frac{1}{3}\right)$，其收益为

$$f_1(x^*)=f_2(x^*)=f_3(x^*)=2\frac{1}{3} \tag{6-10}$$

总的来看，每个人都可以通过与其他参与者的合作获得更好的结果。然而，x^* 是不稳定的。虽然 x^0 稳定，但值得注意的是，如果一个参与者改变策略而选择 $\mathbb{R}\setminus[-1,1]$ 中的值，那么他的收益会减少，与此同时其他参与人的收益会减少更多。所以，与对他人造成巨大伤害相比，这个参与者可能对自己造成的损失更轻微一些。这种情况在博弈论中研究较少，但显然，它们对不同的现实生活情况来说可能极为重要。

这个博弈模型可以推广为一个一般的 n 人博弈，最终仍然可以得到相同的结论。

4. 协调博弈

托马斯・谢林曾在其 1960 年出版的著作《冲突战略》中讨论过协调博弈，这类模型因其独特的重要功能和不同的应用领域而备受关注。

协调博弈中的冲突情境与许多冲突情境形成了鲜明的对比，因为参与者的行为主要取决于他们的信心和期望，其一般的双人形式可以表示为以下收益矩阵：

$$(\boldsymbol{A},\boldsymbol{B})=\begin{bmatrix} a & \alpha & c & \delta \\ d & \gamma & b & \beta \end{bmatrix} \tag{6-11}$$

其中，$a>b>c$，$a>b>d$，$\alpha>\beta>\gamma$，$\alpha>\beta>\delta$。当然，这些不等式大多是正式的，以反映一个普遍的结构，它们在某些特定的模型中允许平等的松弛。

这个博弈模型有两个纳什均衡：(a,α) 和 (b,β)，两个参与者都倾向于纳什均衡 (a,α)，因为它优于 (b,β) 并且具有帕累托最优性（第 7 章会介绍）。

关于协调博弈，有一系列经典的例子，如下：

(1) 道路选择：$\begin{bmatrix} 1 & 1 & 0 & 0 \\ 0 & 0 & 1 & 1 \end{bmatrix}$；

(2) 纯协调：$\begin{bmatrix} 2 & 2 & 0 & 0 \\ 0 & 0 & 1 & 1 \end{bmatrix}$；

(3) 性别之争：$\begin{bmatrix} 2 & 1 & 0 & 0 \\ 0 & 0 & 1 & 2 \end{bmatrix}$；

(4) 猎鹿博弈：$\begin{bmatrix} 2 & 2 & 0 & 0 \\ 0 & 0 & 1 & 1 \end{bmatrix}$。

第一个和第二个例子也是所谓的合作博弈(团队游戏)的例子，在这种博弈中，参与者对每个行动方案都有相同的收益，第三个和第四个例子也是结合了合作和竞争的博弈的例子。其中，猎鹿博弈是协调博弈模型中最经典的案例之一，下面我们具体了解一下其定律内容。

猎鹿博弈最早出现在法国启蒙思想家让·雅克·卢梭的《论人类不平等的起源和基础》一书中，它又称为安全博弈或猎鹿模型。这个模型源自一则故事，即在古代的一座村庄里住着两个猎人，而这个村子里主要有两种猎物：鹿和兔子。假设一个猎人单独外出捕猎只能捕到 4 只兔子，然而如果两个猎人同时出动并且合作就能捕到 1 只鹿。当站在填饱肚子的角度看，他所捕到的这 4 只兔子能够成为他 4 天的食物，但是 1 只鹿足以让他在 10 天内都不用外出捕猎。

由此一来，这两个猎人的行动策略就会产生两种博弈结局：第一种就是单独行动，不建立合作，那么每个人可以获得 4 只兔子；第二种是建立合作，共同外出捕鹿，则会获得 1 只鹿，保证两个猎人 10 天不用外出捕猎。因此，在这两种情况下便会出现两个纳什均衡点，即两个猎人单独行动，每个人获得 4 只兔子，并且每人能够吃饱 4 天，或者两个猎人建立合作，那么每个人可以吃饱 10 天。

显而易见，两个猎人建立合作获得的最终收益远远超过单独行动的利益，但是这需要两个猎人在合作的过程中，个人的能力和付出是相等的。假设两个人中的任何一个人捕猎能力强，那么他便会要求分得更多的利益，同时这会使另外一个猎人考虑到自身的利益，而不愿意建立合作。虽然我们都非常清楚合作双赢的目标，但是考虑到实际情况时，原因便十分明显了。若想在博弈中建立合作，便需要参与博弈的双方主动学会与对手建立良好的共赢关系，在保证自身利益的同时，也要考虑对方的利益。

简单概括下猎鹿模型，当这两个猎人中的任何一个人有足够的信心确定对方一定会捕捉鹿时，那么最好的捕猎策略就是去捕捉鹿，在这种情形下没有任何理由去捕捉兔子。除非这个猎人没有足够的信心，不确定另一个猎人的做法。这就是信心博弈，但是两个猎人都会面临极大的信任危机，所以便会出现两个纳什均衡点。简单来说就是两种不同的结果，而这种结果无法用纳什均衡点进行衡量，让·雅克·卢梭的讨论及上述模型的建立再次突出了博弈论模型的抽象特征。

马丁·J. 奥斯本曾提出一种对猎鹿博弈修正的模型——“安全困境”模型，它被认为是一种囚徒困境的替代方案：

$$\begin{bmatrix} 3 & 3 & 0 & 2 \\ 2 & 0 & 1 & 1 \end{bmatrix}$$

这个博弈没有优势策略，但有两个纳什均衡(3,3)和(1,1)，其中(3,3)是帕累托最优和焦点均衡，即对双方参与者都有利。遗憾的是，它是不稳定的，因为对手可能会选择能够使自己的损失比对手少得多的策略。所以，这是安全与社会合作选择困境的另一种模式，可以看作囚徒困境与协调博弈的一种结合。

6.2.4 决策的制定

在前面章节中曾简要介绍过决策的概念，决策可以被解释为一个选择问题，每个人在其人生的不同时刻都会遇到并解决这个问题。直观地说，最简单的决策问题在于从一组可接受的决策中选择一个决策。

1. 单目标优化问题

假设一位决策者是理性的，他会根据某些标准选择可接受的、最优的决策。在形式上，这类决策问题可以表述为单目标优化问题：

$$f(x) \rightarrow \max, \quad x \in X \tag{6-12}$$

其中，X 是可接受决策集，$f: X \rightarrow \mathbb{R}$ 是一个符合决策准则的目标函数。显然，目标可能是最大化或最小化目标函数的值。

上述单目标优化问题的确定性是它的一个基本特征，关于它的所有数值都是可知的，由此可以准确地计算出决策变量 x 对目标函数的影响。因此，上述问题可以在确定的条件下得到分析和解决，传统的优化或数学规划问题是确定性条件下决策问题的典型例子。

一般来说，该问题不是一个简单的问题，它的求解没有一般的方法。但对于此问题的不同特殊类别(如线性规划和凸规划)，一般存在高效的求解算法。

2. 多目标优化问题

如果在单目标优化问题中参考向量准则，那么就需要考虑向量目标函数，这样决策问题就变成了多目标优化问题：

$$f(x) \rightarrow \max, \quad x \in X \tag{6-13}$$

其中，X 仍然是可接受决策集，而 $f: X \rightarrow \mathbb{R}^m$ 则称为一个目标向量函数，对应 m 个决策标准。在这个问题当中需要定义最优性，因为传统的极大值和极小值不足以解决这类问题。从这个角度来看，多目标优化问题比单目标优化问题更难以解决。

帕累托效率或帕累托最优的概念是研究多目标优化问题的主要方法。通常，这类问题的解由一组等价的有效点组成，从理论的角度来看，这样的解已经足够完美了，但是从实用的角度来看，结果往往只需要一个有效点。因此，决策者必须从一组有效点中选择一个更符合他们期望的点。

多目标优化问题可以通过考虑可接受决策集上的部分顺序关系或偏好来进行归纳，换句话讲这意味着评价的标准对于数值类型来说并不固定：

$$f(x) \rightarrow \max_{R}, \quad x \in X \tag{6-14}$$

其中，$\max\limits_{R}$ 表示根据偏序关系 $R\subseteq X\times X$ 的最大化。显然，偏序关系不仅可以是二元的，也可以是多元的。

传统上，主导决策和非主导决策都被认为是最优决策，但是这些解决方案存在一个问题，那就是在根据结合的偏序关系中往往没有主导决策。正因如此，从实际的角度出发，必须找到这个问题的最佳解决方案。在这种情况下，以已有的偏序关系为基础，由此构建了另一种决策排序关系。显然，这种关系是非常主观的，它主要取决于决策者和隐含专家。多目标优化问题被称为广义数学规划，决策排序可以通过特殊的方法来实现，例如奥莱斯特方法、偏好顺序结构评估法和消去选择排序等。

3. 多智能体决策问题

在上述提到的问题中，有一个共性条件是最终的决策都是由一个人做出的。但有时会存在这样的问题：目标函数的值不仅取决于一个人的决策 $x\in X$，还取决于一系列普遍不同的人的决策 $y\in Y$：

$$f(x,y)\rightarrow \max,\quad x\in X \tag{6-15}$$

可以用博弈论来研究这类问题，容易看到，多智能体决策问题可以看作一个参数化的规划或优化的问题，其中 x 是优化变量，$y\in Y$ 是参数。需要注意的是，对于每个特定的人，必须要解决一个适当的“参数化”问题。这就引出了一种新型的“优化”问题（见下面非合作博弈的正常形式），同时需要一种全新的解决方案，如纳什均衡的概念。

多智能体决策问题的一个特例如下：

$$f(x,\xi)\rightarrow \max,\quad x\in X \tag{6-16}$$

其中，$\xi\in Y$ 是一个随机变量，这个特例可以看作一个二人零和博弈理论问题（后面章节将详细介绍），第一个参与者是决策者，第二个参与者是自然（虚拟决策者，表示随机因素的影响）。显然，一个决策问题可以包括之前提到的所有问题的性质，这样的问题至少包含三个参与者，其中一个就是自然。

在本节介绍的决策问题中，可以按照风险条件下的问题和不确定性条件下的问题进行区分，具体内容见后面内容。

4. 风险情况下的决策问题

在风险情况下的决策问题中，随机参数将目标函数转化为随机因子，这意味着解决优化问题的传统方法不再适用，因此可以应用“统计”或“概率”的标准。

（1）均方根准则

$$M[f(x,\xi)] \tag{6-17}$$

（2）均值和离散度之间的差异准则

$$M[f(x,\xi)]-kD[f(x,\xi)] \tag{6-18}$$

其中，$k\geqslant 0$ 是反映不接受风险水平的常数。

（3）边界准则

对上述准则制定可行的边界：

$$\alpha \mathcal{L} M[f(x,\xi)] \mathcal{L} \beta \tag{6-19}$$

$$\alpha \mathcal{L} M[f(x,\xi)] - kD[f(x,\xi)] \mathcal{L} \beta \tag{6-20}$$

或者其他可行的界限。

（4）最可能结果准则

如果随机变量 ξ 中的一个值 ξ_0 的概率远大于其他值，则 ξ_0 设为 ξ，即 $\xi=\xi_0$，那么此问题就转换成一类确定性问题。

显然，在风险条件下的决策问题中，需要对这些准则和其他准则的应用合理性进行严谨的分析。

5. 不确定性下的决策问题

不确定性下的决策问题可以看作在非强制性对抗的二人博弈中存在不确定性情况的选择问题，下面应用的准则是主观的并且主要取决于在这类问题中的决策者。

（1）拉普拉斯准则

假设变量 ξ 的值具有相等的概率，如果允许不充分理由原则，那么决策者选择达到最大平均值的决策 $x^* \in X$：

$$M[f(x^*,\xi)] = \max_{x \in X} [f(x,\xi)] \tag{6-21}$$

其中，ξ 值服从正态分布。

（2）尔德准则（悲观准则、maxmin 准则）

决策者选择策略 $x^* \in X$：

$$\min_{\xi \in Y} f(x^*,\xi) = \max_{x \in X} \min_{\xi \in Y} f(x,\xi) \tag{6-22}$$

（3）沙万奇准则（后悔值准则）

若 $f(x,\xi)$ 是增益函数，则后悔函数定义为

$$r(x,\xi) = \max_{x \in X} f(x,\xi) - f(x,\xi) \tag{6-23}$$

若 $f(x,\xi)$ 是损失函数，则后悔函数定义为

$$r(x,\xi) = f(x,\xi) - \max_{x \in X} f(x,\xi) \tag{6-24}$$

将尔德准则应用于后悔函数中，则决策者选择决策 $x^* \in X$：

$$\min_{\xi \in Y} r(x^*,\xi) = \max_{x \in X} \min_{\xi \in Y} r(x,\xi) \tag{6-25}$$

（4）赫尔维茨判据

选择策略 $x^* \in X$ 以解决优化问题：

$$\max_{x \in X} \left[\alpha \min_{\xi \in Y} f(x,\xi) + (1-\alpha) \max_{\xi \in Y} f(x,\xi)\right] \tag{6-26}$$

其中，$\alpha \in [0,1]$。当 $\alpha=0$ 时，该准则具有极端悲观性，即小中取大准则；当 $\alpha=1$ 时，该准则具有极端乐观性，即大中取大准则。其他任意属于 $(0,1)$ 区间的 α 值会

在悲观性与乐观性之间建立一个定量，从而对应于决策者的性格。

上述问题与规范决策理论有关，规范决策理论的重点在于最佳决策。决策者应该是完全理性的，能够在存在完美决定的情况下完成正确选择。

6. 帕斯卡的赌注

帕斯卡的赌注是 17 世纪法国哲学家、数学家、物理学家布莱兹·帕斯卡提出的一项哲学论证，收录于帕斯卡去世后出版的《思想录》第 233 章。论证认为，理性的个人应该相信上帝存在，并依此生活。因为若相信上帝，而上帝事实上不存在，人蒙受的损失不大；而若不相信上帝，但上帝存在，人就要遭受无限大的痛苦（永远下地狱）。

概括地讲，帕斯卡的赌注主要是寻求上帝是否存在的问题的答案。我们现在不去验证上帝是否存在的问题，转而通过讨论两个“参与者”来简要论述帕斯卡的赌注：参与者 1——一个人，参与者 2——现实。对于人来讲，策略有两种：B——相信上帝存在，N——不相信上帝存在。而对于现实来讲，策略也是两种：E——上帝存在，N——上帝不存在。所以，最终的结果有四种：BE，BN，NE，NN。

以人的角度，可以将合理的收益与这些结果联系起来：

(1) $f_1(BE)=\infty$——如果这个人相信并且上帝存在，那么就会得到无限的奖赏；

(2) $f_1(BN)=\alpha, -\infty<\alpha\leqslant 0$——如果这个人相信但是上帝不存在，那么在其信仰的时间内就会有有限的损失；

(3) $f_1(NE)=-\infty$——如果这个人不相信上帝的存在，那么会有无限的损失；

(4) $f_1(NN)=\beta, 0\leqslant\beta<\infty$——如果这个人不相信且上帝也不存在，那么他就会因为没有花费时间、金钱或其他付出而获得有限的收益。

由于现实不区分列举的结果，可以将所有结果关联到一个固定的“收益”值（拉普拉斯准则）：

$$f_2(BE)=f_2(BN)=f_2(NE)=f_2(NN)=\gamma,\quad \gamma\in\mathbb{R} \tag{6-27}$$

实际上，在这个过程中定义了一个向量函数：

$$f:\{BE,BN,NE,NN\}\rightarrow\mathbb{R}^2 \tag{6-28}$$

取值范围为

$$\begin{aligned} &f(BE)=(\infty,\gamma), \qquad f(BN)=(\alpha,\gamma), \\ &f(NE)=(-\infty,\gamma), \quad f(NN)=(\beta,\gamma) \end{aligned} \tag{6-29}$$

接下来可以将收益函数表示为一个 2×2 矩阵：

$$f_1=\begin{pmatrix}\infty & \alpha \\ -\infty & \beta\end{pmatrix},\quad f_1\in\mathbb{R}^{2\times 2} \tag{6-30}$$

$$f_2=\begin{pmatrix}\gamma & \gamma \\ \gamma & \gamma\end{pmatrix},\quad f_2\in\mathbb{R}^{2\times 2} \tag{6-31}$$

其中矩阵的行与第一个参与者的策略 B 和 N 有关，列与第二个参与者的策略 E 和 N 有关。向量收益函数也可以用矩阵形式表示：

$$f=\begin{pmatrix}(\infty,\gamma) & (\alpha,\gamma)\\ (-\infty,\gamma) & (\beta,\gamma)\end{pmatrix},\quad f\in\mathbb{R}^{2\times 2}\times\mathbb{R}^{2\times 2} \tag{6-32}$$

参与者 2(现实)的收益函数突出了决策问题的一个显著特征：其收益不依赖策略选择。所以，只有参与者 1(人)的收益取决于策略选择。

对这个人来说最好的策略是什么？为了回答这个问题，可以应用拉普拉斯准则，并假设参与者 2 的策略以相等的概率(0.5)实现。在这种假设下，参与者 1 的平均收益为

$$\begin{aligned}&M[f_1(B)]=0.5\times\infty+0.5\times\alpha=\infty,\\&M[f_1(N)]=0.5\times(-\infty)+0.5\times\beta=-\infty\end{aligned} \tag{6-33}$$

通过比较这些值，可以得出结论：在帕斯卡模型中第一种策略是最好的，当然这个简单的决策模型可以改进，该实例在这里仅是为了突出决策模型和问题的特点及决策、博弈论模型和问题之间的区别。

7. 标准决策理论与博弈论

在标准决策理论中，往往只涉及一个理性的决策者。而在博弈论模型中，一般至少需要有两个理性的参与者(决策者)参与其中，他们的收益取决于自己和对手的策略选择。此外，即使假设至少有两个参与者具有理性行为，博弈论模型也可能包含非理性的参与者，如自然模型。通常来讲，在博弈论中，如果一个参与者意识到所有可能的事件，同时可以掌握这些事件各自的概率并优化其收益函数的值，那么他就被认为是理性的。更重要的是，这是个体理性和群体理性之间的区别。一般来说，群体理性意味着帕累托效率或帕累托最优。

伯特兰·罗素在他的诺贝尔奖演讲中曾提出，博弈论模型中回报函数的存在和优化它们的执行是符合人类的本性与人类的欲望的，既包括生活的基本必需品，也包括其他的东西，如利益、竞争、虚荣和权利等。

当然，伯特兰·罗素宣传的人类特征大多与政治和经典博弈论有关，其中，与社交性和利他主义相比，理性和利己主义更加普遍存在。在这方面，最近的博弈论研究与决策者的伦理行为建立了更多的联系。从 1973 年约翰·梅纳德·史密斯和乔治·普莱斯发表的著作开始，一种基于进化稳定策略的概念慢慢发展成为一种进化的博弈论方法。

进化博弈论只是博弈论的一个独特分支。在进化博弈中，参与者和策略可能与基因有关，而收益则与后代有关。与物种相关的各种基因都在进行进化博弈。拥有更多后代的参与者获胜，进化导致了基因博弈的纳什均衡。这一结论对进化生物学产生了重要的概念上的影响，它改变了人们理解进化概念的方式，并完全转变了物种最大适应度的旧观念。关于具有特定理性参与者的人类进化，根据谢克特的理论，人类行为的伦理方面是相互插入博弈论模型的。一般来说，进化博弈是

博弈论的一个重要分支，它具有一个明显的特征，即并非所有参与者都是理性的，拥有更多后代的玩家在导致纳什均衡的博弈中获胜。在这样的博弈中，不需要理性或正确的信念、对局前的沟通和自我执行的协议，因为参与者、基因是非理性的，而试验和纠错足以达到纳什均衡。

上述关于生物进化结果导致纳什均衡的结论接近博弈论学者关于社会问题的讨论：纳什均衡概念是一种支配博弈论的原则，适用于所有社会问题。与进化博弈不同的是，要在社交博弈中实现纳什均衡，有以下几个必要因素：

（1）参与者的理性或正确的信念；

（2）对局前的沟通和自我执行协议；

（3）动态调整和试验纠错。

当然，纳什均衡也可能因为其他各种原因而出现，如伦理和道德因素。

现代博弈论研究了参与者可能具有超理性、低理性和零理性的各种模型，而理性本身并不是纳什均衡的充分因素。此外，每个参与者必须对其他对手本身及其动机有正确的看法（主观先验），这可以通过博弈对局前的交流和达成自我执行的协议来实现，这些条件意味着在现实情况下，参与者的行为可能不同于经典博弈论的模型的规定。也就是说，这些论点和事实都可作为现代博弈论的一个描述性分支——行为博弈论的基础，这里提到的行为博弈论是一种基于有限理性、经济和心理学实验及实验结果分析的理论。

6.3　二人零和博弈

二人零和博弈属于非合作博弈的一个特殊类别，零和博弈构成了最纯粹的非合作博弈形式，也就是说，参与者之间没有合作的空间。简而言之，在一个只有两位参与者的博弈对局中，一位参与者的发展总是以另一位参与者的付出为代价，比如其中一个人赢得一元，另一个人就会输掉一元，反之亦然。这类博弈也称为极大极小博弈。

二人零和博弈的实用性源自纳什均衡解存在条件的可解性，目前采用鞍点的形式对其进行表达。此外，经过证明，在有多个鞍点的情况下，它们是可互换的，具有相等的收益，这两个性质被称为互换性和等支付性。正是在二人零和博弈的背景下，得到了被称为极大极小值定理的基本成果，该定理使用了二人零和博弈中混合扩展的概念。混合扩展意味着参与者采用混合策略，换句话讲，他们在行动空间中选择概率，并基于这种概率随机化其行动方案。

6.3.1　形式化为矩阵博弈

二人零和博弈可以表述为矩阵博弈，在本节中，将论述由于收益的特殊结构，这种表述是可行的。

在二人零和博弈中，任何行动方案的收益总和总是零，即

$$u_1(a_1,a_2)=-u_2(a_1,a_2),\quad \forall(a_1,a_2)\in\mathcal{A}_1\times\mathcal{A}_2 \tag{6-34}$$

其中，(a_1,a_2)是行动组合，$\mathcal{A}_1$和$\mathcal{A}_2$分别是参与者 1 和参与者 2 的动作集合。由于两种收益是互补关系，可以简单地使用单矩阵而不是双矩阵，并且称这种博弈为矩阵博弈。按照惯例，假设标量 u_2 表示参与人 2 希望最大化而参与人 1 希望最小化的收益。注意换个角度来看，当参与人 1 试图最大化收益 u_1 时，他实际上是在试图最小化收益 u_2。

用 $\boldsymbol{A}$ 表示博弈矩阵，设 A_{ij} 为它的第 ij 项。A_{ij} 对应于参与人 1 选第 i 行，参与人 2 选第 j 列的收益。根据之前所说的，行参与者称为 P_1，他是最小化者，列参与者称为 P_2，他是最大化者。将双矩阵转化为单矩阵的整个过程如图 6-2 所示，其中 P_1 有 m 个动作，P_2 有 n 个动作，对局用$(m\times n)$矩阵表示。

$$\begin{array}{c} \\ P_1(\min) \end{array}\begin{array}{c} P_2(\max) \\ \begin{bmatrix} (1,-1) & (3,-3) & \cdots & A_{1n} \\ (5,-5) & A_{22} & \cdots & A_{2n} \\ \vdots & \vdots & \vdots & \vdots \\ A_{m1} & A_{m1} & \cdots & A_{mn} \end{bmatrix} \end{array}$$

图 6-2 二人零和博弈：矩阵博弈表示

6.3.2 从保守策略到鞍点

由于二人零和博弈的特殊收益结构，纳什均衡解采用鞍点的形式进行表达。在了解前面提到的矩阵对策公式的前提下，本节引入保守策略，并在此基础上建立鞍点的存在条件。在此之前，我们注意到其他任意的优秀对手的应对策略都会使自己的收益变得更差，因此，通过考虑可能将会发生最坏情景中的最佳情况，可以获得保守策略。这一推论意味着需要求解最小化者和最大化者的极大极小值问题，于是引出保守策略(i^*,j^*)的描述：

$$\begin{cases}\overline{J}(A):=\min_i \max_{ij} a_{ij}\ \text{(loss ceiling)} \\ \underline{J}(A):=\min_j \max_{ij} a_{ij}\ \text{(gain floor)}\end{cases} \tag{6-35}$$

损失上限 $\overline{J}(A)$是上界的另一种定义，它通过最大化列来获得，从而获得参与者 1 的每个选择的最差收益，然后在行中取最小值(最合理的收益极小值)。这将产生参与者 1 的保守策略 i^*。类似地，增益下限 $\underline{J}(A)$是一种调用上界的不同方式，它通过对行取最小值，然后对列取最大值来获得，这将产生参与者 2 的保守策略 j^*。

下面介绍的是当参与双方均采用纯策略时，鞍点在此情况下适用的存在性结果。参与者采用纯策略表示参与者的行为通常是离散的，正如下面所举的两个例子，让我们先来论述其结果。

定理 6-2：如果增益下限等于损失上限，则鞍点存在，有

$$\underline{J}(A)=a_{i^*j^*}=\overline{J}(A) \tag{6-36}$$

此外，如果存在鞍点，则表示两个参与者都选择保守策略，且均衡收益为 $a_{i^*j^*}$。

例 6-1：如图 6-3 所示，图中描述了不存在鞍点的矩阵对策，实际上，由于损失上限 $\overline{J}(A)=2$ 和增益下限 $\underline{J}(A)=-1$ 不相等，因此不满足鞍点存在条件。为了更详细地了解这一点，可以思考参与者 1 的所有行为和与之对应的参与者 2 的最佳对策。在这个例子中，P_1 可以设置为上、中、下三个级别，他的策略或行动方案的集合用 $A_1=\{T,C,B\}$ 表示。P_2 可采用的行为有左、中、右三个级别，对应的动作集合用 $A_2=\{L,M,R\}$ 表示。

$$\overline{J}(A)=2,\quad \underline{J}(A)=1$$

$$\begin{array}{cc} & P_2(\max) \\ & \begin{array}{ccc} L & M & R \end{array} \\ P_1(\min)\ \begin{array}{c} T \\ C \\ B \end{array} & \begin{bmatrix} -2 & -1 & 4 \\ 2 & 0 & 2 \\ 4 & -1 & -2 \end{bmatrix} \end{array}$$

图 6-3 不存在鞍点的矩阵对策

接下来，为了理解 P_1 采取保守策略的过程，思考以下情景：

(1) 如果 P_1 选择 T(第一行)，P_2 选择 R(第三列)，则产生收益 $a_{13}=4$。

(2) 如果 P_1 选择 C(第二行)，P_2 选择 L 或 R(第一列或第三列)，则产生收益 $a_{21}=a_{23}=2$。注意 P_2 可以选择 L 或 R，因为两种情况下收益相等。

(3) 如果 P_1 选择 B(第三行)，而 P_2 选择 L(第一列)，则产生收益 $a_{31}=4$。

在比较了三种不同的情景和相应的收益后，P_1 选择 C(第二行)会产生最小收益(a_{21} 或 a_{23} 都小于 a_{13} 和 a_{31})。由此可以得出结论，参与人 1 的保守策略是 $i^*=2$，最终，增益下限为 $\overline{J}(A)=2$。为了理解这代表一个上限，需要注意，如果 P_1 选择保守策略，那么对于 P_2 的任何选择，收益都不能超过这个值(固定第二行，并比较各列的收益)。此外，整个过程是由式(6-35)第一行所描述的极大极小值表达式精确描述的。

通过重复 P_2 的过程，得到 P_2 的保守策略为 $j^*=2$(第二列)，增益下限为 $\underline{J}(A)=-1$。很明显，这是一个下限，如果 P_2 采取保守策略，那么无论 P_1 如何选择，收益都不可能低于这个值(固定第二列，并跨行)。

综上所述，两个参与者采用保守策略所对应的收益为 $a_{i^*j^*}=a_{22}=0$。根据定理 6-2 中的条件(6-36)，可以分析得出(i^*,j^*)不是鞍点，因为损失上限和增益下限是不同的。更明确地讲，这场博弈对局不存在鞍点。

例 6-2：本例展示了一个存在鞍点的矩阵对策，如图 6-4 所示。

$$\overline{J}(A)=\underline{J}(A)=10$$

$$\begin{array}{cc} & P_2(\max) \\ & \begin{array}{ccc} L & M & R \end{array} \\ P_1(\min) \begin{array}{c} T \\ C \\ B \end{array} & \begin{bmatrix} -40 & 20 & 8 \\ 5 & 10 & 4 \\ 4 & 30 & -2 \end{bmatrix} \end{array}$$

图 6-4　存在鞍点的矩阵对策

简单地说，对于 P_1 的任意选择（任意行），P_2 的优先对策为 M（第二列），换句话说，M 是 P_2 的主导行为。最终，P_1 的保守策略是 $i^*=2$，增益下限是 $\bar{J}(A)=10$。现在从 P_2 的角度来思考这局博弈：

（1）如果 P_2 选择 L（第一列），P_1 选择 T（第一行），则产生收益 $a_{11}=-40$。

（2）如果 P_2 选择 M（第二列），P_1 选择 C（第二行），则产生收益 $a_{22}=10$。

（3）如果 P_2 选择 R（第三列），P_1 选择 B（第三行），则产生收益 $a_{33}=-2$。

通过比较上述三种情况和相应的收益，P_2 选择 M（第二行），得到最大收益 a_{22}（a_{11} 或 a_{33} 都小于 a_{22}）。因此 P_2 的保守策略为 $j^*=2$（第二列），增益下限为 $\bar{J}(A)=10$。因此，当双方都采取保守策略时所获得的收益为 $a_{i^*j^*}=a_{22}=0$。当损失上限和增益下限重合时，可以看到定理 6-2 中的条件(6-36)得到满足，因此 $(i^*,j^*)=(2,2)$ 是一个鞍点，而 $a_{i^*j^*}=a_{22}$ 是一个均衡收益。容易观察到 a_{22} 是列中的最大值、行中的最小值，即

$$a_{22} \geqslant a_{21}, a_{23}, a_{22} \leqslant a_{12}, a_{32}$$

对于一般的二人零和博弈，可能存在多个鞍点。通常这样的点满足以下两个性质，给定两个鞍点 (i,j) 和 (k,l)，则满足：

（1）互换性：(i,l) 和 (k,j) 同样是鞍点；

（2）同等收益：$a_{ij}=a_{kl}=a_{il}=a_{kj}$。

正如本章开始介绍的那样，博弈论的第一个突破是极大极小值定理，其内容如下：

定理 6-3（极大极小值定理）：在混合策略中，每个矩阵对策都有一个鞍点。

6.3.3　从二人零和博弈到 H_∞ 最优控制

本节主要探讨关于二人零和博弈和 H_∞ 最优控制之间关系的基本见解，后者是一种存在最坏情况不确定性时支持控制器设计的理论。H_∞ 源自哈代空间，而哈代空间是 ∞ 范数必须最小化的算子的空间，其中这个算子是从干扰端到被控制输出端的传递函数。H_∞ 最优控制问题的经典构造如图 6-5 所示。

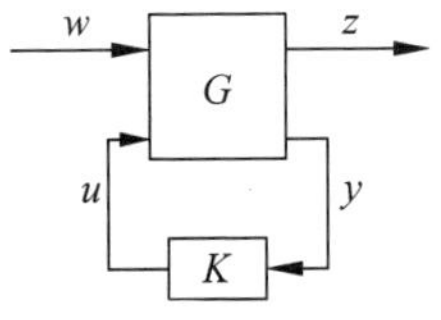

图 6-5　最优控制结构图示

模块 G 是系统，模块 K 是反馈控制器。用 u 表示受控输入（简而言之是控制），用 w 表示非受控扰动（可以看作外部输入），用 y 表示测量输出，用 z 表示受控输出（这是我们希望保持尽可能小的变量，独立于扰动的影响）。所有变量都存在于可测量的希尔伯特空间 $\mathcal{H}_u$，$\mathcal{H}_w$，$\mathcal{H}_z$，$\mathcal{H}_y$ 中。下面给出了该系统的数学表达式：

$$\begin{cases} z = G_{11}(w) + G_{12}(u) \\ y = G_{21}(w) + G_{22}(u) \\ u = K(y) \end{cases} \tag{6-37}$$

假设算子 G_{ij} 和控制器 $K \in \mathcal{H}$ 是有界的、因果的及线性的，其中 $\mathcal{H}$ 表示控制器空间。一个算子是因果的意味着所有子系统都是非预期的，也就是说，输出不能依赖未来的输入，它只能依靠过去和当前的投入。如果有界输入意味着有界输出，则算子是有界的。最后，如果能应用叠加效应，这个算子就是线性的。

简单来讲，H_∞ 最优控制的主要目标是设计控制器，使闭环系统能够吸收由扰动产生的能量，从而避免这种能量传递到被控输出端。换句话说，希望被控制的系统能够减弱干扰带来的影响，这种特性称为干扰衰减，这类问题可以用控制端和干扰源之间的二人零和博弈来描述。首先要明确，对于每个固定的 $K \in \mathcal{H}$，引入有界因果线性算子 $T_K : \mathcal{H}_w \to \mathcal{H}_z$：

$$T_K(w) = G_{11}(w) + G_{12}(I - KG_{22})^{-1}(KG_{21})(w) \tag{6-38}$$

注意到算子范数的最坏情况：

$$\begin{cases} \inf\limits_{K \in \mathcal{H}} \langle\langle T_K \rangle\rangle =: \gamma^* \\ \langle\langle T_K \rangle\rangle = \sup\limits_{w \in \mathcal{H}_w} \dfrac{T_K(w)_z}{w_w} \end{cases} \tag{6-39}$$

那么问题就变成了下面的二人零和博弈模型，其中参与人 1（最小化者）是控制端，参与人 2（最大化者）是不可控干扰源。博弈采用了这种形式：

$$\overbrace{\inf_{K \in \mathcal{H}} \sup_{w \in \mathcal{H}_w} \frac{T_K(w)_z}{w_w}}^{\text{upper bound}} \geqslant \overbrace{\sup_{w \in \mathcal{H}_w} \inf_{K \in \mathcal{H}} \frac{T_K(w)_z}{w_w}}^{\text{lower bound}} \tag{6-40}$$

可以看出，上面的博弈能够通过下方所谓的软约束表示重新改写。用 γ^* 表示衰减水平，并让它得到保持：

$$\inf_{K \in \mathcal{H}} \sup_{w \in \mathcal{H}_w} T_K(w)_z^2 - \gamma^{*2} w_w^2 \leqslant 0 \tag{6-41}$$

接着引入参数 $\gamma \geqslant 0$，并考虑参数化成本

$$J_\gamma(K, w) := T_K(w)_z^2 - \gamma^2 w_w^2 \tag{6-42}$$

软约束策略变成在最大值为 0 的情况下，寻找满足 $\gamma \geqslant 0$ 的最小值。本节介绍内容将在后面章节进行应用。

6.3.4 二人零和博弈的实例

本节将介绍一系列关于二人零和博弈模型的实例，在每一个实例中，主要针对损失上限 $\overline{J}(A)$、增益下限 $\underline{J}(A)$ 及纯策略中的鞍点(i^*, j^*)进行讨论。

例 6-3：本例演示一个没有鞍点的博弈对局（不满足鞍点存在条件），如图 6-6 所示。

$$\begin{array}{cc} & P_2 \\ & \begin{array}{cc} L & R \end{array} \\ P_1 \begin{array}{c} T \\ B \end{array} & \begin{bmatrix} 6 & 0 \\ -3 & 3 \end{bmatrix} \end{array}$$

图 6-6 不存在鞍点的博弈

首先研究为何不满足存在条件。由图 6-6 可知，如果 P_1 选择 T，那么 P_2 选择 L，结果收益为 6。相反，如果 P_1 选择 B，那么 P_2 选择 R，最终收益是 3。比较两种情况，P_1 的保守策略为 B，损失上限为 $\overline{J}(A)=a_{22}=3$。

对于 P_2，如果选择 L，那么 P_1 选择 B；如果选择 R，那么 P_1 选择 T。比较两种收益后，P_2 的保守策略为 R，增益下限为 $\underline{J}(A)=a_{12}=0$。显然损失上限和增益下限是不同的，于是可以得出结论：这个博弈不存在鞍点。

例 6-4：在此例中讨论一个满足鞍点存在条件的博弈，如图 6-7 所示，且易知(B,R)是一个鞍点。

接下来进行讨论，如果 P_1 选择 T，那么 P_2 选择 R，并且收益为 8。另一种情况是 P_1 选择 B，那么 P_2 无论选择 L 还是 R，最后收益都是 4。比较两种收益，显然 P_1 的保守策略是 B，因此损失上限为 $\overline{J}(A)=a_{21}=a_{22}=4$。

$$\begin{array}{cc} & P_2 \\ & \begin{array}{cc} L & R \end{array} \\ P_1 \begin{array}{c} T \\ B \end{array} & \begin{bmatrix} -3 & 8 \\ 4 & 4 \end{bmatrix} \end{array}$$

图 6-7 存在鞍点的博弈

再次分析 P_2，可以知道，当他选择 L，P_1 会选择 T；而他如果选择 R，那么 P_1 会选择 B。因此 P_2 的保守策略是 R，增益下限是 $\underline{J}(A)=a_{22}=4$。需要注意的是，这里 P_2 可以不顾其他因素而单方面从 R 偏向 L。最终可以得到损失上限等于增益下限，满足鞍点存在条件，故博弈存在鞍点(B,R)。

例 6-5：本例展示的博弈对局由于不满足鞍点存在条件，故不存在鞍点，如图 6-8 所示。

$$\begin{array}{cc} & \quad P_2 \\ & \begin{array}{cc} L & R \end{array} \\ P_1 \begin{array}{c} T \\ B \end{array} & \begin{bmatrix} -6 & 7 \\ 2 & 1 \end{bmatrix} \end{array}$$

图 6-8 不存在鞍点的博弈

如果 P_1 选择 T，那么 P_2 选择 R，并且收益为 7。另一种情况是 P_1 选择 B，那么 P_2 选择 L，收益是 2。比较两种收益得知，P_1 的保守策略是 B，损失上限为 $\overline{J}(A)=a_{21}=2$。

再对 P_2 进行分析，当他选择 L，P_1 会选择 T；而他如果选择 R，那么 P_1 会选择 B。因此 P_2 的保守策略是 R，增益下限是 $\underline{J}(A)=a_{22}=1$。由此看出损失上限不等丁增益下限，故此博弈不存在鞍点。

例 6-6：本例展示的博弈对局满足鞍点存在条件，故存在鞍点且鞍点为 (B,R)，如图 6-9 所示。

$$\begin{array}{cc} & \quad P_2 \\ & \begin{array}{cc} L & R \end{array} \\ P_1 \begin{array}{c} T \\ B \end{array} & \begin{bmatrix} -3 & 8 \\ 2 & 4 \end{bmatrix} \end{array}$$

图 6-9 存在鞍点的博弈

如果 P_1 选择 T，那么 P_2 选择 R，并且收益为 8。另一种情况是 P_1 选择 B，那么 P_2 依旧选择 R，收益是 4。需要注意的是，R 是 P_2 的优势策略。比较两种收益得知，P_1 的保守策略是 B，损失上限为 $\overline{J}(A)=a_{22}=4$。

再对 P_2 进行分析，当他选择 L，P_1 会选择 T；反之，如果他选择 R，那么 P_1 会选择 B。因此 P_2 的保守策略是 R，增益下限是 $\underline{J}(A)=a_{22}=4$。显然这里损失上限等于增益下限，故此博弈存在一个鞍点 (B,R)。

习题

1. 冲突与合作的概念

解释博弈理论中“冲突与合作”概念，举例说明如何在实际应用中区分这两种情形。

2. 博弈论的要素

列出博弈论的基本要素，并简要描述每一个要素的含义。

3. 纳什均衡

定义纳什均衡，并给出一个简单的博弈实例来说明纳什均衡的概念。

4. 博弈论经典案例

请描述一个博弈论的经典案例，并分析该案例中的博弈模型和均衡点。

5. 决策的制定

在博弈论中，玩家如何制定最优决策？请结合决策树的方法进行说明。

6. 从二人零和博弈到 H_{∞} 最优控制

解释二人零和博弈与 H_{∞} 最优控制的关系，并说明如何从博弈论的角度理解 H_{∞} 控制问题。

第 7 章

最优控制与博弈论的结合

最优控制理论诞生于 20 世纪 50 年代，在很大程度上被视为变分演算的延伸，但正如不同科学家指出的那样，在其他领域，最优控制理论都有其根源，如经典控制、随机过程理论、线性和非线性规划、算法和数字计算机等。

最优控制理论的核心方法是由哈密顿-雅可比-贝尔曼方程（充分条件）和庞特里亚金极大（极小）值原则（必要条件）构成的。弗兰克・克拉克曾指出，极大值原理是对一种可以同时用于研究和设计的方法进行长期探索的成果。在这种情况下，拉格朗日乘子的作用是非常重要的，早在 1939 年，这一事实就由麦克肖恩针对拉格朗日问题论证过，目的是扩展处理控制变量不等式约束的变分法。

博弈论和最优控制的结合从一开始就不可避免。数学家鲁弗斯・艾萨克斯概述了零和动态博弈论的基本思想，其中包括极大值原理、动态规划和逆向分析的基本前身思想，他于 1954 年底和 1955 年初在兰德公司的四份研究备忘录中记录了这些思想，这些备忘录构成了他在 1965 年关于微分博弈的杰出著作的基础。通过阅读布莱特纳的历史论文，你可以感受到一个关于科学思想、研究和科学领域形成的戏剧性故事。

鲁弗斯・艾萨克斯对微分博弈论领域的形成有突出的贡献，他在追击—逃跑博弈、公主与怪物博弈等经典博弈案例的基础上提出并解决了一些重大的数学问题。

当然，博弈论与最优控制的联合领域有着庞大数量的研究学者和著作内容，并且规模越来越广，由于篇幅原因，本章只介绍关联性强的部分内容，若读者对此领域有研究兴趣，可自行阅读相关著作。

7.1 微分博弈

7.1.1 背景介绍

本章主要讨论非合作形式的微分博弈对策。简而言之，微分对策以状态变量为特征，其演化遵循一个微分方程，这样的微分方程受制于表示参与者行为的受控输入。参与者的收益不仅会受到参与者行为的干涉,还会受到其状态的影响。微分对策可以看作最优控制问题的推广。

针对上述内容,首先需要研究最优控制理论的基础。进一步讲,应了解庞特里亚金极大值原理和哈密顿-雅可比-贝尔曼(HJB)方程。这些概念在之前的章节中已经有所涉及,所以本章首先探讨了微分博弈的开环或闭环两种形式的策略,然后给出了汉密尔顿-雅可比-艾萨克斯方程,最后对线性二次型微分对策和 H_∞ 最优控制进行了概述。

7.1.2 微分对策

本节内容证明了微分对策是一个涉及多个决策者或参与者的最优控制问题的推广。

设状态变量 $x\in\mathbb{R}^m$, U_i 是参与者 $i=1,2$ 的控制变量,其中 $U_i\in\mathbb{R}^m$ 具有紧致性。同时,给出以下受控动态:

$$\dot{x}(t)=f(t,x(t),u_1(t),u_2(t)),\quad u_i(t)\in U_i \tag{7-1}$$

针对以上内容,玩家 i 的优化问题呈现出以下形式:

$$\max_{u_i} J_i(u_1,u_2):=\psi_i(x(T))-\int_0^T L_i(t,x(t),u_1(t),u_2(t))\,\mathrm{d}t \tag{7-2}$$

在微分博弈中,人们通常对开环策略和闭环策略进行如下区分:在开环策略的情况下,参与者只知道初始状态 x_o;相反,在闭环策略下,参与者知道当前状态 x_t,闭环策略也被称为马尔可夫策略。

1. 开环纳什均衡

本节讨论参与者使用开环策略的情况,这些策略只是时间和初始状态这两个变量的函数,一旦给出初始状态,这些策略就只是时间的函数。序贯博弈和同时博弈中纳什均衡的特征——非营利性单边偏差的概念可以推广到微分博弈中的开环策略,下面的定义形式化了开环纳什均衡策略。

定义 7-1:开环情况下的纳什均衡

对于 $u_i^*(\ )$,若它是以下代价函数问题的极大化算子,则 $(u_1^*(t),u_2^*(t))$ 是一个纳什均衡:

$$\begin{cases} J_i(u_i,u_{-i}^*):=\psi_i(x(t))-\int_0^T L_i(t,x(t),u_i(t),u_{-i}^*(t))\,\mathrm{d}t \\ x(0)=x_0, x(t)=f(t,x(t),u_i(t),u_{-i}^*(t)),t\in[0,T] \end{cases} \tag{7-3}$$

也就是说,$u_1^*(t)$ 是 $u_2^*(t)$ 的最佳策略,反之亦然。回顾 PMP,考虑下面的单次博弈:

对于任意 $(t,x)\in[0,T]\times\mathbb{R}^m$ 和向量 $q_1,q_2\in\mathbb{R}^m$,

$$\tilde{u}_1=\arg\max_{\omega\in U_1}\{q_1\cdot f(t,x,\omega,\tilde{u}_2)-L_1(t,x,\omega,\tilde{u}_2)\}$$

$$\tilde{u}_2=\underset{\omega \in U_2}{\arg\max}\{q_2 \cdot f(t,x,\tilde{u}_1,\omega)-L_2(t,x,\tilde{u}_1,\omega)\} \tag{7-4}$$

在假设上述问题存在唯一解的前提下,下式是连续的:

$$(t,x,q_1,q_2) \rightarrow (\tilde{u}_1(t,x,q_1,q_2),\tilde{u}_2(t,x,q_1,q_2)) \tag{7-5}$$

现在,假设($\tilde{u}_1(t),\tilde{u}_2(t)$)是一个纳什均衡,这样的一对变量必须解决两点边值问题:

$$\begin{cases}\dot{x}= f(t,x,\tilde{u}_1,\tilde{u}_2), & x(t_0)= x_0 \\ \dot{q}_1= -q_1\dfrac{\partial f}{\partial x}(t,x,\tilde{u}_1,\tilde{u}_2)+\dfrac{\partial L_1}{\partial x}(t,x,\tilde{u}_1,\tilde{u}_2), & q_1(T)= \nabla \psi_1(x(T)) \\ \dot{q}_2= -q_2\dfrac{\partial f}{\partial x}(t,x,\tilde{u}_1,\tilde{u}_2)+\dfrac{\partial L_2}{\partial x}(t,x,\tilde{u}_1,u_2), & q_2(T)= \nabla \psi_2(x(T))\end{cases} \tag{7-6}$$

此外,如果 $x \rightarrow H(t,x,q,\tilde{u}_{-i})$ 和 $x \rightarrow \psi_i(x)$ 是凹的,那么上述条件也是充分的。在下面的例子中,使用微分博弈的方法分析一个市场竞争场景。

例 7-1:双寡头竞争模型

这个例子展示了著名的兰彻斯特模型,该模型通常用于描述双寡头竞争场景。该场景涉及在同一市场经营的两家制造商,并且这两家制造商生产和销售同样的产品。用第一个变量 $x_1(t)=x(t)\in[0,1]$ 来表示制造商 1 在时间 t 时的市场份额。同样地,用第二个变量 $x_2(t)=1-x(t)$ 表示制造商 2 在时间 t 时的市场份额。制造商们有不同的广告投入,这些投入在问题中可以作为时间 t 时刻的被控输入 $u_i(t),i=1,2$。兰彻斯特模型利用微分方程模拟了制造商 1 的市场份额的演变过程:

$$x(t)=(1-x)u_1-xu_2, \quad x(0)=x_0 \in [0,1] \tag{7-7}$$

在介绍过上述动态演化后,再进一步研究制造商们的策略。特别地,制造商 i 将 $t \mapsto u_i(t)$ 过程最大化为目标

$$J_i=\int_0^T\left[a_ix_i(t)-c_i\frac{u_i^2(t)}{2}\right]\mathrm{d}t+S_ix_i(t) \tag{7-8}$$

对于给定的参数 $a_i,c_i,S_i>0$,优化方法分为两步:首先,计算最优控制作为伴随变量的函数,由此引出以下问题:

$$\begin{cases}\tilde{u}_1(x,q_1,q_2)=\underset{\omega \geqslant 0}{\arg\max}\left\{q_1 \cdot (1-x)\omega-c_1\dfrac{\omega^2}{2}\right\}=(1-x)\dfrac{q_1}{c_1} \\ \tilde{u}_2(x,q_1,q_2)=\underset{\omega \geqslant 0}{\arg\max}\left\{q_2 \cdot x\omega-c_2\dfrac{\omega^2}{2}\right\}=x\dfrac{q_2}{c_2}\end{cases} \tag{7-9}$$

其次,需要解决如下所示的两点边值问题:

$$
\begin{cases}
\dot{x}=(1-x)\tilde{u}_1+x\tilde{u}_2=(1-x)^2\dfrac{q_1}{c_1}+x^2\dfrac{q_2}{c_2}, & x(0)=x_0 \\
\dot{q}_1=-q_1(\tilde{u}_1+\tilde{u}_2)-a_1=-q_1\left[(1-x)\dfrac{q_1}{c_1}+x\dfrac{q_2}{c_2}\right]-a_1, & q_1(T)=S_1 \\
\dot{q}_2=-q_2(\tilde{u}_1+\tilde{u}_2)-a_2=-q_2\left[(1-x)\dfrac{q_1}{c_1}+x\dfrac{q_2}{c_2}\right]-a_2, & q_2(T)=S_2
\end{cases}
\tag{7-10}
$$

从上面的问题中,得到了两个制造商的最优行为轨迹和最优策略(广告投入)。

2. 闭环纳什均衡

回顾之前的内容,策略主要是关于时间和状态的函数。对于开环情况,首先需要定义纳什均衡下的闭环策略。

定义 7-2:闭环情况下的纳什均衡

对于$(t,x)\to u_i^*(t,x)$,若它是以下代价函数问题的极大化算子,则$(u_1^*(t),u_2^*(t))$是一个纳什均衡:

$$
\begin{cases}
J_i(u_i,u_{-i}^*(t,x)):=\psi_i(x(t))-\displaystyle\int_0^T L_i(t,x(t),u_i(t),u_i^*(t),u_{-i}^*(t,x))\,\mathrm{d}t \\
x(0)=x_0,\dot{x}(t)=f(t,x(t),u_i(t),u_{-i}^*(t,x)),t\in[0,T]
\end{cases}
\tag{7-11}
$$

结果表明,若要计算纳什均衡下的闭环策略,需要求解相应的 HJB 方程。这样就得到了一个$[0,T]\times\mathbb{R}^m$形式的偏微分方程组:

$$
\begin{cases}
\partial_t V_1+\nabla V_1\cdot f(t,x,\tilde{u}_1,\tilde{u}_2)=L_1(t,x,\tilde{u}_1,\tilde{u}_2) \\
\partial_t V_2+\nabla V_2\cdot f(t,x,\tilde{u}_1,\tilde{u}_2)=L_2(t,x,\tilde{u}_1,\tilde{u}_2)
\end{cases}
\tag{7-12}
$$

在上面的问题中,由 PMP 有$(\tilde{u}_1,\tilde{u}_2)$解决单次博弈问题:对于任意$(t,x)\in[0,T]\times\mathbb{R}^m$及价值函数$V_1,V_2\in\mathbb{R}^m$:

$$
\begin{cases}
\tilde{u}_1=\underset{\omega\in U_1}{\operatorname{argmax}}\{\nabla V_1\cdot f(t,x,\omega,\tilde{u}_2)-L_1(t,x,\omega,\tilde{u}_2)\} \\
\tilde{u}_2=\underset{\omega\in U_2}{\operatorname{argmax}}\{\nabla V_2\cdot f(t,x,\tilde{u}_1,\omega)-L_2(t,x,\tilde{u}_1,\omega)\}
\end{cases}
\tag{7-13}
$$

值得注意的是,若模型为零和微分博弈,那么上面的偏微分方程组可以转化为一个单独的偏微分方程:

$$
\partial_t V_1+\max_{\omega_1}\min_{\omega_2}\{\nabla V_1\cdot f(t,x,\omega_1,\omega_2)-L_1(t,x,\omega_1,\omega_2)\}=0 \tag{7-14}
$$

这个方程被称为汉密尔顿-雅可比-艾萨克斯方程。

7.1.3　线性二次型微分博弈

线性二次型微分对策非常流行，因为这种方法可应用最优控制策略的显式解。设 $x\in\mathbb{R}^m$ 为状态变量，u_i 是参与者 $i=1,2$ 的控制变量，$U_i\equiv\mathbb{R}^{m_i}$ 是紧致集。现在考虑一个线性动力学的形式：

$$x(t)=A(t)x(t)+B_1(t)u_1(t)+B_2(t)u_2(t),\quad u_i(t)\in\mathbb{R}^{m_i} \tag{7-15}$$

对于每一个参与者 i，优化问题由下式提出：

$$\max_{u_i} J_i(u_1,u_2):=\psi_i(x(t))-\int_0^T L_i(t,x(t),u_1(t),u_2(t))\,\mathrm{d}t \tag{7-16}$$

线性二次型微分对策使得最终的惩罚形式是二次型：

$$\psi_i(x(t))=\frac{1}{2}\boldsymbol{x}^{\mathrm{T}}\overline{M_i}x \tag{7-17}$$

并且运营成本也是二次型的，即

$$L_i(t,x(t),u_1(t),u_2(t))=\frac{|u_i|^2}{2}+\frac{1}{2}\boldsymbol{x}^{\mathrm{T}}P_ix+\sum_{1,2}\boldsymbol{x}^{\mathrm{T}}\boldsymbol{Q}_{ij}u_j \tag{7-18}$$

为了得到闭环形式的最优控制策略 $\tilde{u}_i$，先介绍关于 $\tilde{u}_i(t,x,q_i)$ 的表达式：

$$\begin{aligned}\tilde{u}_i(t,x,q_i)&=\operatorname*{argmax}_{\omega\in\mathbf{R}^{m_i}}\left\{q_iB_i(t)\omega-\frac{|\omega|^2}{2}-\boldsymbol{x}^{\mathrm{T}}\boldsymbol{Q}_{ii}(t)\omega\right\}\\&=(q_iB_i(t)-\boldsymbol{x}^{\mathrm{T}}\boldsymbol{Q}_{ii}(t))^{\mathrm{T}}\end{aligned} \tag{7-19}$$

现在，令取值函数的表达式为 $V_i(t,x)=\frac{1}{2}\boldsymbol{x}^{\mathrm{T}}M_i(t)x$，使

$$\nabla V_i(t,x)=\boldsymbol{x}^{\mathrm{T}}M_i(t),\partial_tV_i(t,x)=\frac{1}{2}\boldsymbol{x}^{\mathrm{T}}M_i(t)x \tag{7-20}$$

利用条件$\partial_tV_i(t,x)=L_i-\nabla V_i\cdot f$，可以将 HJB 方程写成如下形式：

$$\begin{aligned}\frac{1}{2}\boldsymbol{x}^{\mathrm{T}}\dot{M}_i(t)x=&\frac{1}{2}(\boldsymbol{x}^{\mathrm{T}}M_iB_i-\boldsymbol{x}^{\mathrm{T}}\boldsymbol{Q}_{ii})(\boldsymbol{x}^{\mathrm{T}}M_iB_i-\boldsymbol{x}^{\mathrm{T}}\boldsymbol{Q}_{ii})^{\mathrm{T}}+\frac{1}{2}\boldsymbol{x}^{\mathrm{T}}P_ix+\\&\sum_{j=1,2}\boldsymbol{x}^{\mathrm{T}}\boldsymbol{Q}_{ij}(\boldsymbol{x}^{\mathrm{T}}M_jB_j-\boldsymbol{x}^{\mathrm{T}}\boldsymbol{Q}_{jj})^{\mathrm{T}}-\\&\boldsymbol{x}^{\mathrm{T}}M_i\left(Ax+\sum_{j=1,2}B_j(\boldsymbol{x}^{\mathrm{T}}M_jB_j-\boldsymbol{x}^{\mathrm{T}}\boldsymbol{Q}_{jj})^{\mathrm{T}}\right)\end{aligned} \tag{7-21}$$

由 HJB 方程，可以推导出著名的 Riccati 微分方程：

$$\begin{aligned}\frac{1}{2}\boldsymbol{x}^{\mathrm{T}}\dot{M}_i(t)x=&\frac{1}{2}(\boldsymbol{x}^{\mathrm{T}}M_iB_i-\boldsymbol{x}^{\mathrm{T}}\boldsymbol{Q}_{ii})(\boldsymbol{x}^{\mathrm{T}}M_iB_i-\boldsymbol{x}^{\mathrm{T}}\boldsymbol{Q}_{ii})^{\mathrm{T}}+\frac{1}{2}\boldsymbol{x}^{\mathrm{T}}P_ix+\\&\sum_{j=1,2}\boldsymbol{x}^{\mathrm{T}}\boldsymbol{Q}_{ij}(\boldsymbol{x}^{\mathrm{T}}M_jB_j-\boldsymbol{x}^{\mathrm{T}}\boldsymbol{Q}_{jj})^{\mathrm{T}}-\\&\boldsymbol{x}^{\mathrm{T}}M_i\left[Ax+\sum_{j=1,2}B_j(\boldsymbol{x}^{\mathrm{T}}M_jB_i-\boldsymbol{x}^{\mathrm{T}}\boldsymbol{Q}_{jj})^{\mathrm{T}}\right]\end{aligned} \tag{7 22}$$

注意，由于上面的 HJB 方程必须适用于每一个 x，而我们可以不依赖于 x，于

是可以得到下面的黎卡提微分方程：

$$\begin{aligned}\frac{1}{2}\boldsymbol{x}^{\mathrm{T}}\dot{M}_i(t)x=&\frac{1}{2}(M_iB_i-Q_{ii})(M_iB_i-Q_{ii})^{\mathrm{T}}+\frac{1}{2}\boldsymbol{x}^{\mathrm{T}}P_i+\\&\frac{1}{2}\sum_{j=1,2}[Q_{ij}(M_j\boldsymbol{B}_j-Q_{jj})^{\mathrm{T}}+(M_j\boldsymbol{B}_j-Q_{jj})Q_{jj}^{\mathrm{T}}]-\\&\frac{1}{2}(M_i\boldsymbol{A}+\boldsymbol{A}^{\mathrm{T}}M_i)-\frac{1}{2}\sum_{j=1,2}[M_i\boldsymbol{B}_j(M_j\boldsymbol{B}_j-Q_{jj})^{\mathrm{T}}+\\&(M_j\boldsymbol{B}_j-Q_{jj})\boldsymbol{B}_j^{\mathrm{T}}M_i]\end{aligned}\tag{7-23}$$

线性二次型微分对策在鲁棒控制，特别是 H_∞ 最优控制中起到至关重要的作用。将在 7.1.4 节中对此进行详细论述。

7.1.4 基于线性二次型微分博弈的 H_∞ 最优控制

二人零和博弈和 H_∞ 最优控制之间的关系在之前已经讨论过，回想一下，这个问题涉及在最坏的干扰情况下保证良好性能的控制器的设计。该系统的示意图如图 7-1 所示。

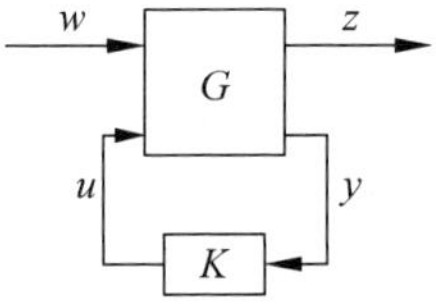

图 7-1 最优控制结构图示

在闭环系统中，u 是控制输入，w 是被称为扰动的非受控输入，z 和 y 分别是被控输出和被测输出。假设在希尔伯特空间 $\mathcal{H}_u, \mathcal{H}_w, \mathcal{H}_z, \mathcal{H}_y$ 中所有变量都是可测量的，变量之间相互依赖，并且这种依赖关系可以用方程组来表示：

$$\begin{cases}z=G_{11}(w)+G_{11}(u)\\y=G_{21}(w)+G_{22}(u)\\u=K(y)\end{cases}\tag{7-24}$$

假设算子 G_{ij} 和控制器 $K\in\mathcal{H}$ 是有界因果线性算子，其中 $\mathcal{H}$ 表示控制器空间。最主要的任务目标在于干扰衰减，包括存在干扰的情况下尽可能保持受控输出小。

为了更好地理解扰动衰减问题的相关公式，先引入有界因果线性算子 T_K：$\mathcal{H}_w\to\mathcal{H}_z$，即对于任意 $K\in\mathcal{H}$，有

$$T_K(w)=G_{11}(w)+G_{12}(I-KG_{22})^{-1}(KG_{21})(w)\tag{7-25}$$

回想一下，因果关系意味着系统是非预期的，也就是说，输出取决于过去和当前的输入，而与未来的输入无关。问题的关键在于找到算子范数的下确界的极限。

$$\begin{cases} \inf\limits_{K \in H} \langle\langle T_K \rangle\rangle =: \gamma^* \\ \langle\langle T_K \rangle\rangle = \sup\limits_{w \in \mathcal{H}_w} \dfrac{T_K(w)_z}{w_w} \end{cases} \tag{7-26}$$

结果证明，上面的问题变成了控制器和干扰者之间的二人零和博弈：

$$\overbrace{\inf_{K \in \mathcal{H}} \sup_{w \in \mathcal{H}_w} \frac{T_K(w)_z}{w_w}}^{\text{upper bound}} \geqslant \overbrace{\sup_{w \in \mathcal{H}_w} \inf_{K \in \mathcal{H}} \frac{T_K(w)_z}{w_w}}^{\text{lower bound}} \tag{7-27}$$

鉴于上述问题，也许可以推导出一个所谓的软约束博弈。至于目的，考虑到衰减水平 γ^*，应满足

$$\inf_{K \subset II} \sup_{\omega \in H_w} T_K(w)_\gamma^2 - \gamma^{*2} w_w^2 \leqslant 0 \tag{7-28}$$

接下来定义参数化成本($\gamma \geqslant 0$)：

$$J_\gamma(K, w) := T_K(w)_z^2 - \gamma^2 w_w^2 \tag{7-29}$$

因此，问题是如何寻找在 $\gamma \geqslant 0$ 的取值范围内的最小值，在这个最小值之下，最大值是有界的(以零为界)。

此外，上述问题可以转化为线性二次型零和微分对策。若要理解这一点，可以考虑状态空间表示：

$$\begin{cases} \dot{x}(t) = A(t)x(t) + B(t)u(t) + D(t)w(t), \quad x(0) = x_0 \\ z(t) = H(t)x(t) + G(t)u(t) \\ y(t) = C(t)x(t) + E(t)w(t) \end{cases} \tag{7-30}$$

对于 $\gamma \geqslant 0$ 和 $Q_T \geqslant 0$，设成本为

$$L_\gamma(u, w) := x^{\mathrm{T}}(t) Q_T x(t) + \int_0^T z^{\mathrm{T}}(t) z(t) \mathrm{d}t - \gamma^2 \int_0^T w^{\mathrm{T}}(t) w(t) \mathrm{d}t \tag{7-31}$$

零和线性二次型微分对策为

$$\min_{u(\ )} \max_{w(\ )} L_\gamma(u, w) \tag{7-32}$$

对于上面的博弈模型，只需要使用前面所介绍的方法来解决即可。

7.2 多智能体系统的一致性

7.2.1 前提简介

本节将博弈论和多智能体系统的一致性问题结合起来。一个多智能体系统包含 n 个动态智能体，它们可以是车辆、雇员或计算机，每一个都可以用微分或差分方程来描述，并通过通信图对交互进行建模。在一致性问题中，智能体实现分布式一致性协议，即基于局部信息的分布式控制策略。一致性问题的目标是使智能体

达到同步，即收敛到相同的值，称其为一致认可值。

本节的核心内容是一致性问题可以转化为一个非合作的微分博弈，其中动态智能体是博弈论体系中的参与者。为此，制定了一个机制设计问题，其中管理者“设计”目标函数，如果智能体是理性的，并使用其最佳应对策略，那么它们将收敛到一个一致认可值，通过模拟一组无人机(UAVs)的垂直对齐演习来论述结果。

遗憾的是，解决机制设计问题是一项艰巨的任务，除非该问题可以建模为一个仿射二次博弈模型，这种博弈的主要思想是将其转化为一系列更容易处理的滚动视觉问题。在每个离散时间 t_k 上，每个智能体在无限的规划周期 $T\to\infty$ 上进行优化，并在一个单步行动周期 $\delta=t_{k+1}-t_k$ 上执行控制。相邻状态在规划周期内保持不变，在 t_{k+1} 时刻，每个智能体根据近邻状态的新信息重新优化其控制，然后求 $\delta\to 0$ 的极限。

7.2.2 通过机制设计达成一致性

设给出动态智能体的集合 $\Gamma=\{1,2,\cdots,n\}$，$G=(\Gamma,E)$ 是一个时不变无向连通网络，其中 Γ 是点集合，$E\subseteq\Gamma\times\Gamma$ 是边界，这种网络描述了智能体之间的交互性。根据无向性，若 $(i,j)\in E$，则 $(j,i)\in E$。根据连通性，对于任意点 $i\in\Gamma$，在 E 中都存在着一条路径，将 i 与其他任意点 $j\in\Gamma$ 连接起来。回想一下，从 i 到 j 的路径是一个在 E 中的边序列 $(i,k_1)(k_1,k_2)\cdots(k_r,j)$。一般情况下，网络 G 是不完整的，也就是说，每个点 i 只与其他点的一个子集有直接连接，用 $N_i=\{j:(i,j)\in E\}$ 表示，这个子集被称为 i 的邻域。

对边集 E 中一条边 (i,j) 的解释是：点 j 的状态对点 i 是可用的。由于网络是无向的，因此通信是双向的，即智能体 j 可以获得智能体 i 的状态。

设 x_i 为智能体 i 的状态，x_i 的演化由下面的一阶微分方程决定，该方程由分布式且平稳的控制策略驱动：

$$\hat{x}_i=u_i(x_i,x^{(i)}),\quad \forall i\in\Gamma \tag{7-33}$$

其中，$x^{(i)}$ 表示 i 的唯一近邻状态集合的变量。此外，对于 j 中 $x^{(i)}$ 的分量，有

$$x_j^{(i)}=\begin{cases}x_j, & j\in N_i\\ 0, & \text{其他}\end{cases} \tag{7-34}$$

控制策略是分布式的原因是控制 u_i 只依赖于 x_i 和 $x^{(i)}$，此外，策略是固定的原因是 u_i 对时间 T 没有显式的依赖，有时，也称这种控制策略为时不变的。设集合系统的状态定义为向量 $x(t)=\{x_i(t),i\in\Gamma\}$，且初始状态设为 $x(0)$。类似地，用 $u(x)=\{u_i(x_i,x^{(i)}):i\in\Gamma\}$ 表示控制向量集合，有时称之为简单协议。如图 7-2 所示，图中描述了一种合理的动态智能体网络，其中某些点表示了相应的动态。

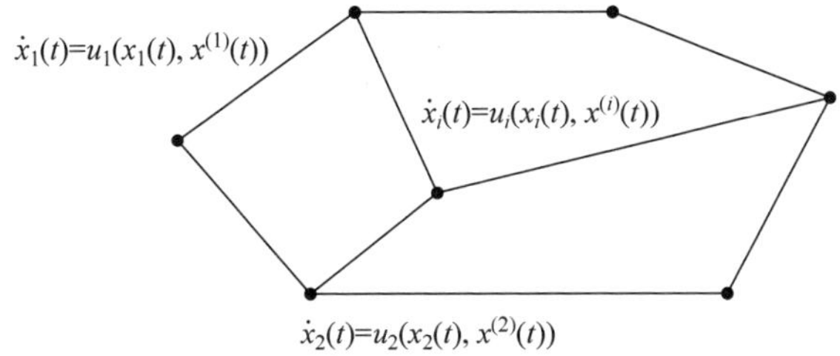

图 7-2　动态智能体网络

一致性问题在于如何确定让参与者关于所提到的一致认可值而达成一致，为了给这个值下一个精确的定义，引入函数$\hat{\chi}:\mathbb{R}^n\to\mathbb{R}$。这个函数是一个一般的连续可微函数，它的 n 个变量 $x_1,x_2,\cdots,x_n$ 是恒不变的。换句话说，对于从集合 Γ 到集合 Γ 的任意排列 $\sigma(\cdot)$，函数都满足：

$$\hat{\chi}(x_1,x_2,\cdots,x_n)=\hat{\chi}(x_{\sigma(1)},x_{\sigma(2)},\cdots,x_{\sigma(n)}) \tag{7-35}$$

有时将$\hat{\chi}$ 称为一致性函数。

在下面条件成立的情况下，协议 $u(\cdot)$使各智能体对一致认可值$\hat{\chi}(x(0))$达成渐近一致：

$$x_i-\hat{\chi}(x(0))\to 0,\quad t\to\infty \tag{7-36}$$

这意味着集合系统收敛到$\hat{\chi}(x(0))\boldsymbol{1}$，其中 $\boldsymbol{1}$ 表示向量$(1,1,\cdots,1)^{\mathrm{T}}$。

在本节的剩余部分，将重点讨论协议功能的满足条件

$$\min_{i\in\Gamma}\{y_i\}\leqslant\hat{\chi}(y)\leqslant\max_{i\in\Gamma}\{y_i\},\quad \forall\, y\in\mathbb{R}^n \tag{7-37}$$

换句话讲，一致认可值是智能体初始状态的最小值与最大值之间的一个点。为了将一致性问题表述为一个博弈问题，引入一个智能体的代价函数：

$$J_i(x_i,x^{(i)},u_i)=\lim_{T\to\infty}\int_0^T(F(x_i,x^{(i)})+\rho u_i^2)\,\mathrm{d}t \tag{7-38}$$

其中，$\rho>0$，$F:\mathbb{R}\times\mathbb{R}^n\to\mathbb{R}$ 是一个非负的惩罚函数，这个惩罚表现了参与者 i 与其相邻的参与者之间的偏差。考虑到上面的代价函数，如果每个控制 u_i 使相应的代价函数 J_i 最小化，那么就可以认为协议是最优的。图 7-3 描述了动态智能体和不同智能体对应的代价函数。

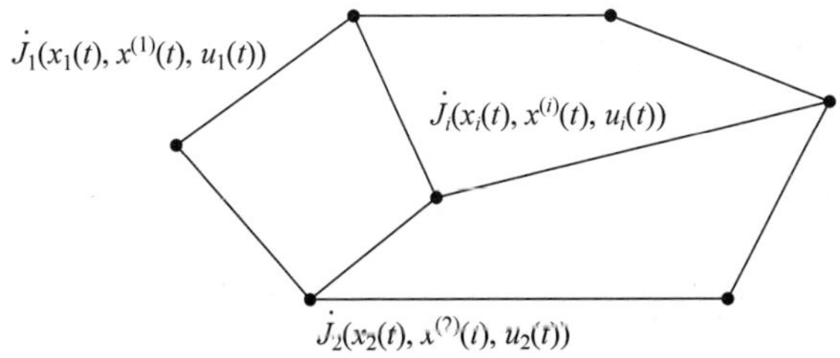

图 7-3　动态智能体网络

在以上论述的基础上，本节所研究的问题可以进行如下陈述。

1. **一致性问题**

设动态智能体网络 $G=(\Gamma,E)$，假设智能体按照一阶微分方程(7-33)进行演化，对于任意经过式(7-34)验证过的协议函数 $\hat{\chi}$，设计一个如表 7-1 所示的分布式平稳协议，使得对于任意初始状态 $x(0)$，各智能体对 $\hat{\chi}(x(0))$ 达成渐进一致。

表 7-1　均值类型及对应的函数

均　　值	$\hat{\chi}(x)$	$f(y)$	$g(z)$
算术平均	$\sum_{i\in\Gamma}\frac{1}{n}x_i$	$\frac{1}{n}y$	z
几何平均	$\sqrt[n]{\prod_{i\in\Gamma}x_i}$	$e^{\frac{1}{n}y}$	$\log z$
调和平均	$\frac{1}{\sum_{i\in\Gamma}\frac{n}{x_i}}$	$\frac{n}{y}$	$\frac{1}{z}$
P 阶平均	$\sqrt[p]{\sum_{i\in\Gamma}\frac{1}{n}x_i^p}$	$\sqrt[q]{\frac{1}{n}y}$	z^p

如果存在一个协议可以解决上述问题，就称它是一致性协议。此外，如果能够使控制变量 $u_i(\ )$ 最小化，那么称这个一致性协议是最优的，可以针对机制设计问题给出一个精确的定义。

2. **机制设计问题**

设动态智能体网络 $G=(\Gamma,E)$，假设智能体按照一阶微分方程(7-33)演化，对于任意协议函数 $\hat{\chi}$，设计一个惩罚函数 $F(\ )$，使得对于任意初始状态 $x(0)$，都存在一个关于 $\hat{\chi}(x(0))$ 的最优一致性协议 $u(\ )$。

注意，作为此问题的解，$(F(\ ),u(\ ))$ 必须保证式(7-35)中所有的代价函数都收敛于一个有限值。若想达成此目标，式中的被积函数在 $\chi 1$ 中必须为空。

7.2.3　一致性问题的解决方案

本节讨论 7.2.2 节提到的第一个问题——一致性问题的解决途径。首先要了解下面的协议函数 $\hat{\chi}(x)$。

猜想：$\hat{\chi}(\ )$ 的结构：假设协议函数 $\hat{\chi}(\ )$ 验证了式(7-34)，对于某些函数 f、g：$\mathbb{R}\to\mathbb{R}$，有 $\hat{\chi}(x)=f\left(\sum_{i\in\Gamma}g(x_i)\right)$，$\frac{\mathrm{d}g(x_i)}{\mathrm{d}x_i}\neq 0$ 且对所有 x_i 成立。

值得注意的是，上述假设中考虑的协议函数族包含初始状态的最小值与最大值之间的任何值。如果参考表 7-1，易知要跨越整个区间，只需考虑 p 阶平均值，让 p 在 $(-\infty,+\infty)$ 的区间内变化。

定理 7-1：一致性问题的解法：下面的协议是一致性问题的解决方案：

$$u_i(x_i,x^{(i)})=\alpha\frac{1}{\frac{\mathrm{d}g}{\mathrm{d}x_i}}\sum_{j\in N_i}\hat{\phi}(\vartheta(x_j)-\vartheta(x_i)),\quad \forall i\in\Gamma \tag{7-39}$$

其中，

(1) 参数 $\alpha>0$，且函数 $\hat{\phi}$：$\mathbb{R}\to\mathbb{R}$ 是一个满足连续性和局部 Lipschitz 条件的严格递增的奇函数；

(2) 函数 ϑ：$\mathbb{R}\to\mathbb{R}$ 与 $\frac{\mathrm{d}\vartheta(x_i)}{\mathrm{d}x_i}$ 局部 Lipschitz 可微并且严格为正；

(3) 函数 $g(\ )$ 严格递增，即对所有 $y\in\mathbb{R}$，有 $\frac{\mathrm{d}g(y)}{\mathrm{d}y}$。

证明：

首先观察到，从 α 的限制条件来看，$\hat{\phi}$：$\mathbb{R}\to\mathbb{R}$ 和 ϑ：$\mathbb{R}\to\mathbb{R}$ 的平衡由 $\lambda\boldsymbol{1}$ 给出，此外还可以推断出对于任意初始状态 $x(0)$，如果轨迹 $x(t)$ 收敛于 $\lambda_0\boldsymbol{1}$，那么对任意初始状态 $x(0)$ 都有 $\lambda_0=\hat{\chi}(x(0))$。

接下来讨论 $g(\ )$ 的限制条件，引入新的变量 $\eta=\{\eta_i,i\in\Gamma\}$，其中 $\eta_i=g(x_i)-g(\hat{\chi}(x(0)))$。实际上，引入这个变量后，一致性中暗含了 η 的渐进稳定性，这里 η_i 是严格递增的。此外，$\eta=0$ 对应着 $x=\hat{\chi}(x(0))$。在引入 η 的基础上，证明了平衡点 $\eta=0$ 在商空间 $\frac{\mathbb{R}^n}{\mathrm{span}\{1\}}$ 中渐进稳定。为了达成这点，考虑如下候选李雅普诺夫函数：$V(\eta)=\frac{1}{2}\sum_{i\in\Gamma}\eta_i^2$，注意到当且仅当 $\eta=0$ 时有 $V(\eta)=0$。另外，对于 $\forall\eta\neq0$，有 $V(\eta)>0$。我们的目的是证明对于 $\forall\eta\neq0$，有 $V(\eta)<0$，为了证明这个结果，首先将 $V(\eta)$ 改写为如下形式：

$$\dot{V}(\eta)=\sum_{i\in\Gamma}\eta_i\dot{\eta}_i=\sum_{i\in\Gamma}\eta_i\frac{\mathrm{d}g(x_i)}{\mathrm{d}x_i}\dot{x}_i \tag{7-40}$$

由式(7-39)可以将上式改写为

$$\begin{aligned}\dot{V}(\eta)&=\sum_{i\in\Gamma}\eta_i\frac{\mathrm{d}g(x_i)}{\mathrm{d}x_i}u_i\\&=\sum_{i\in\Gamma}\eta_i\frac{\mathrm{d}g(x_i)}{\mathrm{d}x_i}\alpha\frac{1}{\frac{\mathrm{d}g}{\mathrm{d}x_i}}\sum_{j\in N_i}\hat{\phi}(\vartheta(x_j)-\vartheta(x_i))\\&=\alpha\sum_{i\in\Gamma}\eta_i\sum_{j\in N_i}\hat{\phi}(\vartheta(x_j)-\vartheta(x_i))\end{aligned} \tag{7-41}$$

注意当且仅当 $i\in N_i$，对 $\forall i,j\in\Gamma,j\in N_i$，结合上式可以重新改写为

$$\dot{V}(\eta)=-\alpha\sum_{(i,j)\in E}(g(x_j)-g(x_i))\hat{\phi}(\vartheta(x_j)-\vartheta(x_i)) \tag{7-42}$$

由式(7-42)可以得出结论：对 $\forall\,\eta$，有 $V(\eta)<0$。更具体地讲，仅当 $\eta=0$ 时，$V(\eta)-0$。为了证明这一点，观察对于 $\forall\,(i,j)\in E$，$x_j>x_i$ 表示 $g(x_j)-g(x_i)>0$，$\vartheta(x_j)-\vartheta(x_i)>0$，以及 $\hat{\phi}(\vartheta(x_j)-\vartheta(x_i))>0$。可以确定的是，当 $\alpha>0$ 时，$g(\,)$、$\hat{\phi}(\,)$ 和 $\vartheta(\,)$ 都是严格递增的。因此，若有 $x_j>x_i$，则 $\alpha(g(x_j)-g(x_i))\hat{\phi}(\vartheta(x_j)-\vartheta(x_i))\geqslant 0$。若 $x_j<x_i$，则可以使用类似的参数。

7.2.4 机制设计问题的解决方案

本节讨论机制设计问题，可以设计一个代价函数使一致性协议成为唯一的最佳响应策略。换句话说，当所有的智能体实现它们的最佳响应策略时，就会达成共识。这一结果意义重大，因为它揭示了一致性作为纳什均衡及一致性协议作为最佳响应策略集合的真正本质。

然而，对于机制设计问题的解决出现了一些困难，因为智能体必须预测其一定范围内的近邻智能体的状态变化。在这里提出一种方法，将此问题变成一系列可处理的一致性问题。首先确定一个无限的规划范围，即 $T\to\infty$，并假设智能体在这个范围内计算每个离散时间节点 t_k 的最佳策略。值得注意的是，在这个过程中，近邻状态不会在规划范围内发生变化。给定最优控制序列，智能体仅使用其第一个子控制。

根据滚动优化和模型预测控制的说法，这相当于表示智能体作用于一个单步行动范围 $\delta=t_{k+1}-t_k$，当关于近邻状态的新信息在 t_{k+1} 时刻可用时，智能体则利用这些信息对无限水平优化问题进行新的迭代。本节的结论是证明机制设计问题的解与一致性问题的解渐近重合，即 $\delta\to 0$。

设更新次数 $t_k=t_0+\delta k$，其中 $k=0,1,\cdots$，设 $\hat{x}_i(\tau,t_k)$ 和 $\hat{x}^{(i)}(\tau,t_k)(\tau\geqslant t_k)$ 分别是智能体和它的近邻体的预测状态。目的是解决以下问题——滚动优化。

对于所有的智能体 $i\in\Gamma$ 及离散时间 t_k，$k=0,1,\cdots$，给定初始状态 $x_i(t_k)$ 和 $x^{(i)}(t_k)$，有

$$\hat{u}_i^*(\tau,t_k)=\operatorname{argmin}\mathcal{J}_i(x_i(t_k),x^{(i)}(t_k),\hat{u}_i(\tau,t_k)) \tag{7-43}$$

其中，

$$\begin{aligned}&\mathcal{J}_i(x_i(t_k),x^{(i)}(t_k),\hat{u}_i(\tau,t_k))\\&=\lim_{T\to\infty}\int_{t_k}^{T}[\mathcal{F}(\hat{x}_i(\tau,t_k),\hat{x}^{(i)}(\tau,t_k))+\rho\hat{u}_i^2(\tau,t_k)]\,\mathrm{d}\tau\end{aligned} \tag{7-44}$$

受下列条件限制：

$$\dot{\hat{x}}_i(\tau,t_k)=\hat{u}_i(\tau,t_k) \tag{7-45}$$

$$\dot{\hat{x}}_j(\tau,t_k)=\hat{u}_j(\tau,t_k):=0,\quad \forall\, j\in N_j \tag{7-46}$$

$$\hat{x}_i(t_k,t_k)=x_i(t_k) \tag{7-47}$$

$$\hat{x}_j(t_k,t_k)=x_j(t_k),\quad \forall j\in N_j \tag{7-48}$$

上述约束涉及智能体 i 及其邻近的预测状态。

约束条件还包括初始时刻 t_k 的边界条件，注意通过对所有 $\tau>t_k$ 的情况设置 $\hat{x}^{(i)}(\tau,t_k)=x^{(i)}(t_k)$，智能体在规划范围内将其邻近的状态限制为一个定值。

在 t_{k+1} 时刻，$x^{(i)}(t_{k+1})$ 的新信息变得稳定，接着智能体更新它们的最佳响应策略，我们称之为滚动优化控制策略。最后，对于 $\forall i\in\Gamma$，得到闭环系统：

$$x_i=u_{i_{RH}}(\tau),\quad \tau\geqslant t_0 \tag{7-49}$$

其中滚动优化控制定律 $u_{i_{RH}}(\tau)$ 满足

$$u_{i_{RH}}(\tau)=\hat{u}_i^*(\tau,t_k),\quad \tau\in(t_k,t_{h+1}) \tag{7-50}$$

该方法引入的复杂度降低过程将本节的中心问题转化为 n 个一维的问题，这是通过对式(7-38)进行限制的结果，它使得式(7-40)中的 $\hat{x}^{(i)}$ 为常数，对 $\mathcal{F}(\ )$ 的改写进一步验证了这一点，从而突出了它对状态的依赖。通过以上论述，代价函数可以采用如下形式：

$$J_i=\lim_{T\to\infty}\int_{t_k}^{T}[\mathcal{F}(\hat{x}_i(\tau,t_k))+\rho\hat{u}_i^2(\tau,t_k)]\,\mathrm{d}\tau \tag{7-51}$$

于是这个问题得到了简化，因为它涉及最小化上式的最优控制计算。

图 7-4 给出了滚动优化的演示，给定 $x_j(t)$ 的动态变化，对于 $\forall j\in N_i$（实线），智能体 i 取 t_k 时刻的测量值（圆点），并从 t_k 开始保持恒定（细水平线）。

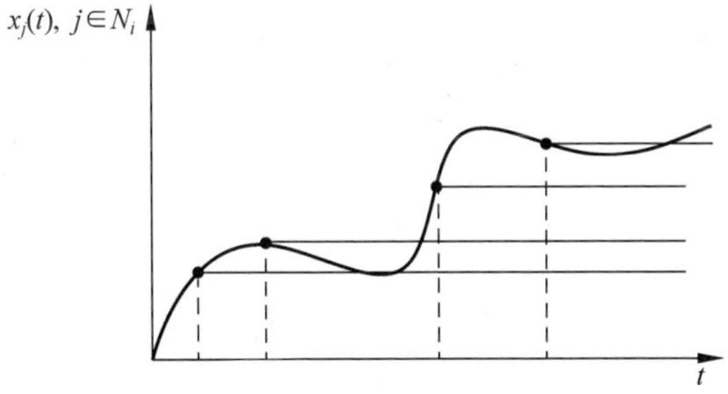

图 7-4　滚动优化演示过程

现在用庞特里亚金最小值原理来证明控制 $\hat{u}_i(\tau,t_k)$ 是最佳响应策略。首先，令 Hamilton 函数为

$$H(\hat{x}_i,\hat{u}_i,p_i)=(\mathcal{F}(\hat{x}_i)+\rho\hat{u}_i^2)+p_i\hat{u}_i \tag{7-52}$$

其中，p_i 是共同状态。在上面的例子中，摆脱了对 τ 和 t_k 的依赖，在这种条件下，庞特里亚金必要条件有如下等式：

最优性条件：
$$\frac{\partial H(\hat{x}_i,\hat{u}_i,p_i)}{\partial\hat{u}_i}=0\Rightarrow p_i=-2\rho\hat{u}_i \tag{7-53}$$

乘数条件：$\dot{p}_i = -\dfrac{\partial H(\hat{x}_i, \hat{u}_i, p_i)}{\hat{\partial}_i}$ (7-54)

状态方程：$\dot{\hat{x}}_i = \dfrac{\partial H(\hat{x}_i, \hat{u}_i, p_i)}{\partial p_i} \Rightarrow \dot{\hat{x}} = \hat{u}_i$ (7-55)

最小化条件：$\dfrac{\partial^2 H(\hat{x}_i,)}{\partial \hat{u}_i^2} \mid \hat{x}_i = \hat{x}_i^*,\quad \hat{u}_i = \hat{u}_i^*,\quad p_i = p_i^* \geqslant 0 \Rightarrow \rho \geqslant 0$ (7-56)

边界条件：$H(\hat{x}_i^*, \hat{u}_i^*, p_i^*) = 0$ (7-57)

由于边界条件的约束，Hamilton 函数在任何最优路径 $\{\hat{x}_i^*(t), \forall t \geqslant 0\}$ 上都为零。回顾之前所讲的，庞特里亚金最小值原理产生的条件通常是必要不充分的。但是，充分性在以下附加假设下可以得到证明：$\mathcal{F}(x_i)$是凸函数。

如果对 $F(x_i)$的结构施加进一步的约束，就可以得到唯一最优控制策略 $\hat{u}_i(\ )$的充分条件，这将在下一个结论中得到证明。

定理 7-2：设智能体 i 根据一阶微分方程(7-33)变化，在时刻 $t_k = 0, 1, \cdots,$时，令智能体分配为代价函数(7-44)，其中惩罚函数由下式给定：

$$\mathcal{F}(\hat{x}_i(\tau, t_k)) = \rho\left\{\frac{1}{\dfrac{\mathrm{d}g}{\mathrm{d}x_i}} \sum_{j \in N_i} [\vartheta(x_j(t_k)) - \vartheta(\hat{x}_i(\tau, t_k))]\right\}^2 \tag{7-58}$$

其中，$g(\ )$是递增的，$\vartheta(\ )$是凹的，$\dfrac{1}{\dfrac{\mathrm{d}g(y)}{\mathrm{d}y}}$是凸的。

控制策略

$$\hat{u}_i^*(\tau, t_k) = u_i(x_i(\tau)) = \alpha \frac{1}{\dfrac{\mathrm{d}g}{\mathrm{d}x_i(\tau)}} \sum_{j \in N_i} [\vartheta(x_j(t_k)) - \vartheta(x_i(\tau))], \quad \alpha = 1 \tag{7-59}$$

是滚动优化问题的唯一最优解。

证明：

首先，明确稳定性，对于 $x_i^* = \vartheta^{-1}\left(\dfrac{\sum_{j \in N_i} \vartheta(x_j(t_k))}{|N_i|}\right)$，控制策略为空且代价函数收敛。这是由以下条件获得的：惩罚函数在状态 $\hat{x}_i^*$ 时为空，因此有 $\sum_{j \in N_i} [\vartheta(x_j(t_k)) - \vartheta(x_i^*)] = 0$ 成立。

现在用 $\alpha = 1$ 证明控制策略的最优性，它满足条件式(7-53)～式(7-58)，从式(7-53)计算 p_i 并代入式(7-54)中得到的表达式，于是得到：

$$2\rho\hat{u}_i=\frac{\partial H(\hat{x}_i,\hat{u}_i,p_i)}{\partial\hat{x}_i} \tag{7-60}$$

根据式(7-59)，有 $\hat{u}_i=\frac{\partial\hat{u}_i}{\partial\hat{x}_i}\hat{x}_i=\frac{\partial\hat{u}_i}{\partial\hat{x}_i}\hat{u}_i$，由式(7-60)得出 $2\rho\frac{\partial\hat{u}_i}{\partial\hat{x}_i}\hat{u}_i=\frac{\partial H(\hat{x}_i,\hat{u}_i,p_i)}{\partial\hat{x}_i}$。由式(7-57)得到式(7-60)的解必须满足

$$\rho\hat{u}_i^2=\mathcal{F}(\hat{x}_i) \tag{7-61}$$

接下来，可以发现 $\hat{u}_i(\tau,t_k)=\frac{1}{\frac{\mathrm{d}g}{\mathrm{d}\hat{x}_i}}\sum_{j\in N_i}[\vartheta(x_j(t_k))-\vartheta(\hat{x}_i(\tau,t_k))]$ 验证了上述条件。

为了证明唯一性，需要先验证 $\mathcal{F}(\hat{x}_i)$ 是凸的。为此，可以令

$$\begin{cases}\mathcal{F}=\mathcal{F}_3(F_1(\hat{x}_i),\mathcal{F}_2(\hat{x}_i))\\ \mathcal{F}_2(\hat{x}_i)=\sum\limits_{j\in N_i}[\vartheta(x_j(t_k))-\vartheta(\hat{x}_i)]\\ \mathcal{F}_3=(\mathcal{F}_1(\hat{x}_i)\mathcal{F}_2(\hat{x}_i))^2\end{cases}$$

由于$\mathcal{F}_3(\ )$在每个参数下都是非递减的，如果函数$\mathcal{F}_1(\ )$和$\mathcal{F}_2(\ )$都是凸的，假设$\left(\frac{\mathrm{d}g}{\mathrm{d}\hat{x}_i}\right)^{-1}$是凸的，那么$\mathcal{F}_3(\ )$也是凸的。类似地，假设 $\vartheta(\ )$是凹的，则$\mathcal{F}_2(\ )$是凸的，结论得证。上述定理同样适用于对 $\forall x_i(0)$，有$\frac{\mathrm{d}g}{\mathrm{d}x_i}<0$。

由如上所述，可以进行如下推导。

推论 7-1：设动态智能体网络 $G(\Gamma,E)$，假设智能体按照一阶微分方程变化。在时刻 $t_k=0,1,\cdots$，时，使智能体归属于代价函数(7-40)，其中给定惩罚函数：

$$\mathcal{F}(\hat{x}_i(\tau,t_k))=\rho\left\{\frac{1}{\frac{\mathrm{d}g}{\mathrm{d}x_i}}\sum_{j\in N_i}[\vartheta(x_j(t_k))-\vartheta(\hat{x}_i(\tau,t_k))]\right\}^2 \tag{7-62}$$

其中，$g(\ )$是递增的，$\vartheta(\ )$是凹的，$\frac{1}{\frac{\mathrm{d}g(y)}{\mathrm{d}y}}$是凸的。若取 $\delta\rightarrow 0$，则有：

(1) 惩罚函数

$$\mathcal{F}(x_i(\tau,t_k))\rightarrow F(x_i,x^{(i)})=\rho\left\{\frac{1}{\frac{\mathrm{d}g}{\mathrm{d}x_i}}\sum_{j\in N_i}[\vartheta(x_j)-\vartheta(x_i)]\right\}^2 \tag{7-63}$$

(2) 应用的滚动优化控制定律

$$u^*_{i_{RH}}(\tau) \to u_i(x_i, x^{(i)}) = \frac{1}{\frac{\mathrm{d}g}{\mathrm{d}x_i}} \sum_{j \in N_i} (\vartheta(x_j) - \vartheta(x_i)) \tag{7-64}$$

上述推论为机制设计问题提供了一个合理的解决方案，为了理解这一点，可以想象一个设计师希望智能体渐近地就一致认可值达成共识，即 $\hat{\chi}(x) = f\left(\sum_{i \in \Gamma} g(x_i)\right)$。他可以通过将智能体纳入代价函数来实现这一点，其中惩罚函数如式(7-63)所示，$g(\ )$ 是递增的，$\frac{1}{\frac{\mathrm{d}g(y)}{\mathrm{d}y}}$ 是凸的，δ“足够”小。

7.2.5 数值型实例：无人机编队

现在来讨论一个由四架无人机组成的团队效果，无人机最初处在不同的高度，它们在纵向飞行中执行垂直对齐动作，每架无人机都根据其邻机的高度来控制垂直度。无人机相互作用如图 7-5 中的通信网络所示，任务的目标是使无人机在编队中心上达成一致性。我们将分析四种不同的垂直对齐动作，其中边队中心为：①算术平均值；②几何平均值；③调和平均值；④所有无人机初始高度的 2 阶平均值。设置初始高度为 $x(0)=[5,5,10,20]^{\mathrm{T}}$，使用如表 7-2 所示算法进行仿真。

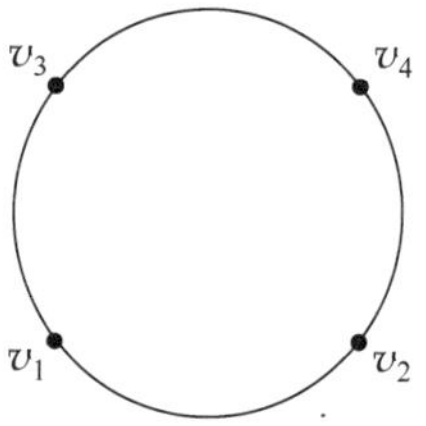

图 7-5 无人机群通信网络

表 7-2 一组无人机群的仿真算法

Input: Communication network $\boldsymbol{G}(\boldsymbol{\Gamma}, \boldsymbol{E})$ and UAVs' initial heights.

Output: UAVs' heights $\boldsymbol{x}(t)$

Initialize. Set the initial states equal to the UAVs' initial heights

for time $iter = 0, 1, \cdots, T-1$ **do**

for player $i = 1, 2, \cdots, n$ **do**

Set $t = iter \cdot dt$ and compute protocol 错误！不能通过编辑域代码创建对象。using current $\boldsymbol{x}^{(i)}(t)$

compute new state $\boldsymbol{x}(t + dt)$ from (7.5.1)

end for

end for

STOP

在第一个仿真中，无人机群归属于代价函数(7-35)，其中惩罚函数记作

$$F(x_i, x^{(i)}) = \left[\sum_{j \in N_i} (x_j - x_i)\right]^2$$

无人机群执行最佳策略

$$u(x_i, x^{(i)}) = \sum_{j \in N_i} (x_j - x_i) \tag{7-65}$$

它们在 $x(0)$ 的算数平均值上达到渐近一致，如图 7-6(a)所示。

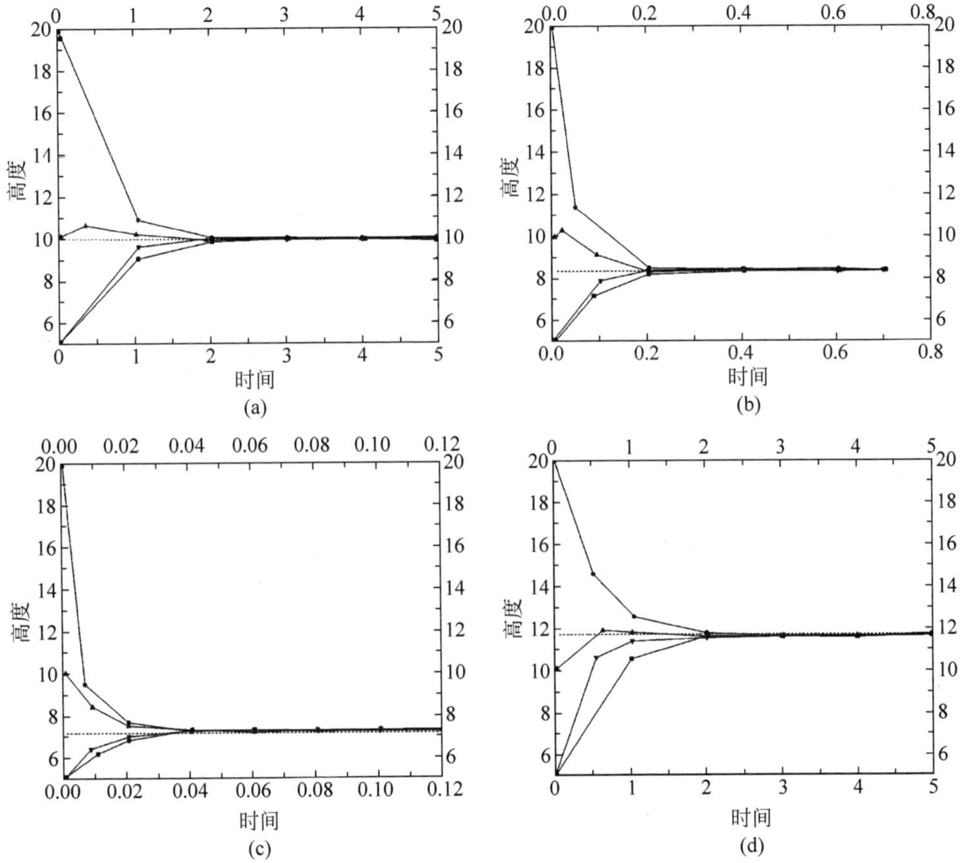

图 7-6　纵向飞行动态下各类均值

在第二个仿真中，无人机群归属于惩罚为 $F(x_i, x^{(i)}) = \left[x_i \sum_{j \in N_i} (x_j - x_i)\right]^2$ 的代价函数，通过采取的最佳策略

$$u(x_i, x^{(i)}) = x_i \sum_{j \in N_i} (x_j - x_i) \tag{7-66}$$

它们在 $x(0)$ 的几何平均值上达到渐近一致，如图 7-6(b)所示。

在第三个仿真中，无人机群归属于惩罚为 $F(x_i, x^{(i)}) = \left[x_i^2 \sum_{j \in N_i} (x_j - x_i)\right]^2$

的代价函数，通过采取的最佳策略

$$u(x_i, x^{(i)}) = -x_i^2 \sum_{j \in N_i} (x_j - x_i) \tag{7-67}$$

它们在 $x(0)$ 的调和平均值上达到渐近一致，如图 7-6(c)所示。

在第四个仿真中，无人机群归属于惩罚为 $F(x_i, x^{(i)}) = \left[\frac{1}{2x_i} \sum_{j \in N_i} (x_j - x_i)\right]^2$ 的代价函数，通过采取的最佳策略

$$u(x_i, x^{(i)}) = \frac{1}{2x_i} \sum_{j \in N_i} (x_j - x_i) \tag{7-68}$$

它们在 $x(0)$ 的 2 阶平均值上达到渐近一致，如图 7-6(d)所示。

最后，图 7-7 描述了无人机群的垂直对齐动作，且使用的协议如下：

$$u(x_i, x^{(i)}) = \frac{\max\limits_{i \in \Gamma}\{x_i(0)\}}{2x_i} \sum_{j \in N_i} (x_j - x_i) \tag{7-69}$$

此协议是将式(7-68)中的协议通过将式(7-69)乘以 $\max\limits_{i \in \Gamma}\{x_i(0)\}$ 的上界的两倍而得到。

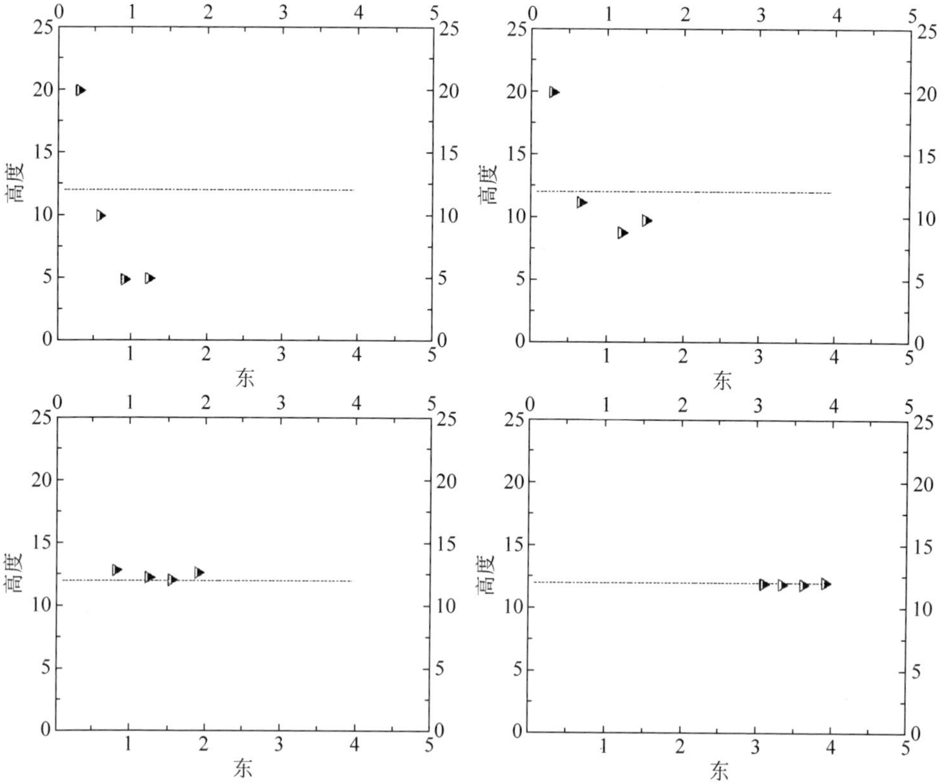

图 7-7　垂直对齐到垂直平面上的 2 阶均值

本章展示了如何将一个一致性问题转化为一个非合作微分博弈问题，一致性是博弈对局引入独立目标功能的机制设计的结果，接着，作为个体目标优化的反作用，各智能体达到渐近一致性。本章的结果很重要，因为它们阐明了共识问题的博弈论本质。

习题

1. 线性二次型微分博弈的最优控制

设有一个线性二次型微分博弈问题，其中两个参与者的状态方程和性能指标分别如下：

状态方程：

$$\dot{x}(t)=\boldsymbol{A}\boldsymbol{x}(t)+\boldsymbol{B}_1\boldsymbol{u}_1(t)+\boldsymbol{B}_2\boldsymbol{u}_2(t)$$

其中，$\boldsymbol{x}(t)\in\mathbb{R}^n$ 为状态向量，$\boldsymbol{u}_1(t)\in\mathbb{R}^m$ 和 $\boldsymbol{u}_2(t)\in\mathbb{R}^m$ 分别为参与者 1 和参与者 2 的控制向量，$\boldsymbol{A}$、$\boldsymbol{B}_1$、$\boldsymbol{B}_2$ 为已知矩阵。

参与者 1 的性能指标：

$$J_1=\int_0^T(\boldsymbol{x}^{\mathrm{T}}(t)\boldsymbol{Q}_1\boldsymbol{x}(t)+\boldsymbol{u}_1^{\mathrm{T}}(t)\boldsymbol{R}_1\boldsymbol{u}_1(t))\mathrm{d}t$$

参与者 2 的性能指标：

$$J_2=\int_0^T(\boldsymbol{x}^{\mathrm{T}}(t)\boldsymbol{Q}_2\boldsymbol{x}(t)+\boldsymbol{u}_2^{\mathrm{T}}(t)\boldsymbol{R}_2\boldsymbol{u}_2(t))\mathrm{d}t$$

其中，$\boldsymbol{Q}_1$、$\boldsymbol{Q}_2$ 为对称半正定矩阵，$\boldsymbol{R}_1$、$\boldsymbol{R}_2$ 为正定矩阵。

(1) 写出参与者 1 和参与者 2 的 Hamilton 函数。

(2) 推导出参与者 1 和参与者 2 的最优控制律。

2. 线性二次型微分博弈的反馈纳什均衡

考虑以下线性二次型微分博弈问题：

状态方程：

$$\dot{x}(t)=\boldsymbol{A}\boldsymbol{x}(t)+\boldsymbol{B}_1\boldsymbol{u}_1(t)+\boldsymbol{B}_2\boldsymbol{u}_2(t)$$

其中，$\boldsymbol{x}(t)\in\mathbb{R}^n$ 为状态向量，$\boldsymbol{u}_1(t)\in\mathbb{R}^m$ 和 $\boldsymbol{u}_2(t)\in\mathbb{R}^m$ 分别为参与者 1 和参与者 2 的控制向量，$\boldsymbol{A}$、$\boldsymbol{B}_1$、$\boldsymbol{B}_2$ 为已知矩阵。

参与者 1 和参与者 2 的性能指标分别为

$$J_1=\int_0^\infty(\boldsymbol{x}^{\mathrm{T}}(t)\boldsymbol{Q}_1\boldsymbol{x}(t)+\boldsymbol{u}_1^{\mathrm{T}}(t)\boldsymbol{R}_1\boldsymbol{u}_1(t))\mathrm{d}t$$

$$J_2=\int_0^\infty(\boldsymbol{x}^{\mathrm{T}}(t)\boldsymbol{Q}_2\boldsymbol{x}(t)+\boldsymbol{u}_2^{\mathrm{T}}(t)\boldsymbol{R}_2\boldsymbol{u}_2(t))\mathrm{d}t$$

其中，$\boldsymbol{Q}_1$、$\boldsymbol{Q}_2$ 为对称半正定矩阵，$\boldsymbol{R}_1$、$\boldsymbol{R}_2$ 为正定矩阵。

(1) 写出反馈纳什均衡控制律的求解步骤。

(2) 求解纳什均衡下的控制律。

第 8 章

平均场博弈

8.1 背景介绍

本章概述了具有许多可忽略主体的博弈理论，该理论最初是在工程数学领域发展起来的，但最近引起了经济物理学家和社会物理学家的注意(图 8-1)。在介绍了主要的设置之后，将讨论一些程式化的例子。最后一部分简要介绍了一些关于解的存在唯一性、线性二次平均场博弈和鲁棒性的结果。

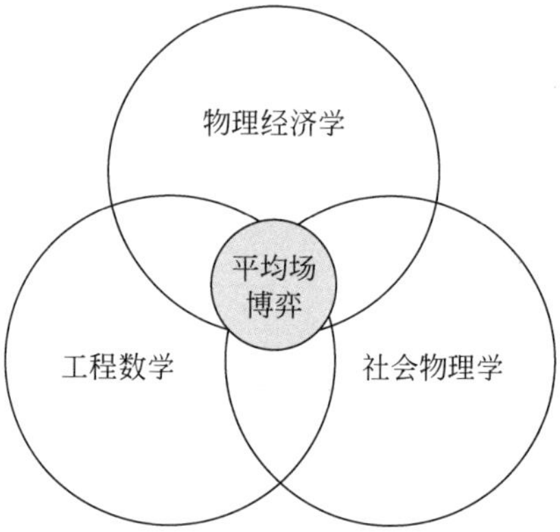

图 8-1 平均场博弈与其他领域的关系

8.2 节介绍了一阶和二阶平均场博弈，并重点介绍了涉及有限和无限水平代价函数的不同公式。8.3 节探讨了存在性和唯一性条件的重要结果。8.4 节提供了示例。8.5 节介绍了鲁棒平均场博弈，研究出一个通解，并讨论了稳定平均场均衡的新均衡概念。8.6 节给出了结论并指出了有待解决的问题。

8.2 制定平均场博弈模型

在这一节中，将从构造一阶和二阶平均场博弈开始，然后考虑有限和无限的水平模型。

8.2.1 一阶平均场博弈

在平均场博弈中，有 N 个同质参与者，令 $N\to\infty$。同质参与者意味着所有共享相同状态 $x\in\mathbb{R}^n$ 的参与者行为完全相同，也就是说，这些参与者采用相同的状态反馈策略，用 $u(x(t),t)$表示。假设状态动力学模型由一阶微分方程给出：

$$\dot{x}(t)=u(x(t),t),\quad x(0)\in\mathbb{R}^n \tag{8-1}$$

值得注意的是，由于右边是 x 的函数，模型(8-1)在 n 中定义了一个向量场。为了将此状态模型置于背景中，想象参与人代表在河床上流动的盐粒子，那么状态空间是二维欧几里得空间，变量 $x(t)\in\mathbb{R}^2$表示粒子在给定时刻 t 的位置，$u(x(t),t)$表示粒子的速度。显然，我们可以依靠想象，将状态变量视为任何抽象实体，比如观点空间中的观点或者社会行为空间中的个体特征(攻击性或非攻击性，如进化背景下的老鹰和鸽子博弈)。这个向量场描述了个人的观点或行为是如何随着时间的推移而发展的。

再来看盐粒子的比喻，描述点 x 在时刻 t 的粒子浓度，需要使用一个密度函数，用 $m(x,t)$表示，它同时依赖于空间 x 和时间 t。从微积分，特别是从散度算子的定义本身可以知道，如果将标量函数置于矢量场中，那么标量函数的时间演化遵循所谓的平流方程。对于一般的 n 维向量变量 x 和有限视界 $[0,T]$，该方程形式为偏微分方程：

$$\partial_t m(x,t)+\operatorname{div}(m(x,t)\cdot u(x,t))=0,\quad \text{in} f\mathbb{R}^n\times[0,T] \tag{8-2}$$

上述偏微分方程也称为输运方程，本质上是一种质量守恒定律，该定律指出，如果对密度求时间项的偏导数，则结果必须等于标量函数 $m(x,t)$对向量场 $u(x,t)$的散度。图 8-2 解释了这个方程作为质量守恒定律的性质。冻结时间 t 并查看点 x，如果点 x 是源，则向量场 $u(x,t)$描述从 x 流出的流。回想一下，当球体的半径在极限范围内逐渐趋于零时，散度算子产生穿过点 x 周围球面的流。在这种情况下，离开点 x 的质量流等同于发散项 $\operatorname{div}(m(x,t)\cdot u(x,t))>0$。为了抵消这个正的项，式(8-2)中的第一项，即$\partial_t m(x,t)$是负的，也就是说粒子的浓度随时间减小。相反，如果点 x 是一个汇点，式(8-2)中的第二项，即 $\operatorname{div}(m(x,t)\cdot u(x,t))<0$，且$\partial_t m(x,t)$的偏导数必须是正的，这意味着越来越多的粒子聚集在点 x。

在解释了图 8-2 中对流方程的物理解释之后，假设粒子是有理的。因此，它们选择速度 $u(x,t)$是为了使该形式的代价函数最小化：

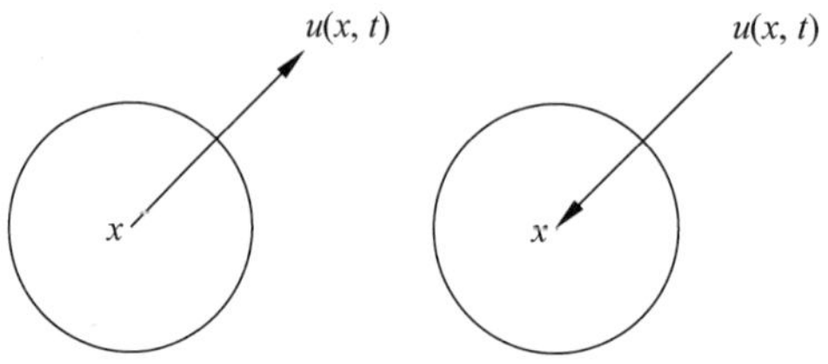

图 8-2 对流方程中散度算符的物理解释

$$\int_0^T \left[\underbrace{\frac{1}{2}|u(x(t),t)|^2}_{\text{penalty on control}} + \underbrace{g(x(t),m(\cdot,t))}_{\cdots\text{on state \& distribution}}\right] dt + \underbrace{G(x(T),m(\cdot,T))}_{\cdots\text{on final state}}$$

值得注意的是，上面介绍的代价函数呈现出与经典最优控制函数相同的结构，除了密度函数 $m(\cdot)$出现在被积函数和终端惩罚中。特别地，第一项$\frac{1}{2}|u(x(t),t)|^2$是控制惩罚项，表示控制粒子所需的能量。第二项 $g(x(t),m(\cdot,t))$为运行成本，表示根据当前状态和分布的惩罚项。第三项 $G(x(t),m(\cdot,T))$为终端惩罚。

从最优控制理论可知，最优状态反馈控制是沿着已知函数 $v(\cdot)$的反梯度，即

$$u(x(t),t) = -\nabla_x v(x(t),t) \tag{8-3}$$

函数 $v(\cdot)$称为值函数。值函数只不过是可实现的最小成本，而这样的函数将直观地取决于参与人的初始位置。需要注意的是，值函数 $v(\cdot)$是 Hamilton-Jacobi-Bellman(HJB)方程的解。

总之，平均场博弈模型采用$\mathbb{R}^n \times [0,T]$中的两个耦合偏微分方程的形式：

$$-\partial_t v(x,t) + \frac{1}{2}|\nabla_x v(x,t)|^2 = g(x,m(\cdot)) \qquad \text{(HJB)- 向后}$$

$$\partial_t m(x,t) + \mathrm{div}(m(x,t)\cdot u(x,t)) = 0 \qquad \text{(平流方程)- 向前}$$

对于上述两个耦合偏微分方程，在零时刻的边界条件为密度函数 $m(\cdot,0)=m_0$，在 T 时刻的边界条件为值函数 $v(x,T)=G(x,m(\cdot,T))$。换句话讲，HJB 方程必须用逆向动态规划来求解。在这个方程中，可以看到密度 $m(\cdot)$是一个参数，值函数 $v(\cdot)$是一个变量。一旦取得了值函数，通过式(8-3)便容易得到最优控制 $u(\cdot)$。也可以认为求解 HJB 方程意味着找到单个参与人 $u(\cdot)$对种群行为的最佳反应，后者由密度 $m(\cdot)$捕获，那么 $u(\cdot)$是一个最佳响应，因为它是在 $m(\cdot)$给定假设下得到的最优控制，因此，$u(\cdot)$是 $m(\cdot)$的最佳策略。

类似地，在平流方程中，可以将最佳响应 $u(\cdot)$解释为参数，密度 $m(\cdot)$解释为变量。在假设所有参与人都是理性的情况下，这个等式描述了在所有参与者都是理性的假设下人口作为一个整体的演变。

求解平均场博弈的方法就是研究存在唯一性，最终求出一个不动点。计算可以如下迭代进行。首先假设一个给定的密度 $m(\cdot)$。根据给定的 $m(\cdot)$解 HJB 方程，得到最佳响应 $u(\cdot)$。将 $u(\cdot)$代入平流方程，计算密度 $m(\cdot)$。在一个固

定点，这样的密度与在上一个循环开始时在 HJB 方程中使用的密度一致。如果存在不动点，则称为平均场平衡。值得注意的是，当取趋于无穷大的参与人数量时，这个均衡是纳什均衡的渐近解。

再观察 HJB 方程，上述方程的推导包括以下步骤：

（1）考虑贝尔曼原则。也就是说，代表今天成本的价值函数 $v(x,t)$ 可以分解为状态成本 $\min\limits_u\left[\frac{1}{2}|u|^2+g(x,m(\cdot))\right]$ 和未来成本 $v(x+dx,t+dt)$ 的和，取决于未来状态 $x+dx$，这是通过应用最佳 u 得到的。换句话说，可以得到：

$$\underbrace{v(x,t)}_{\text{today's cost}}=\min\underbrace{\left[\frac{1}{2}|u|^2+g(x,m(\cdot))\right]}_{\text{stage cost}}dt+v\underbrace{(x+dx,t+dt)}_{\text{future cost}}$$

（2）对未来成本进行泰勒展开，可以得到：

$$v(x+dx,t+dt)=v(x,t)+\partial_t v(x,t)dt+\nabla_x v(x,t)\dot{x}dt$$

（3）设置一个梯度为零的凸函数，因为求凸函数的最小值是很典型的。实际上，在计算出哈密顿量之后有

$$\min_u\underbrace{\left[\frac{1}{2}|u|^2+g(x,m(\cdot))+\partial_t v(x,t)+\nabla_x v(x,t)\overset{u}{\widehat{\dot{x}}}\right]}_{\text{Hamiltonion}}=0$$

注意到最优控制是由 $u=-\nabla_x v(x,t)$ 产生的，反过来有

$$-\partial_t v(x,t)+\frac{1}{2}|\nabla_x v(x,t)|^2=g(x,m(\cdot)) \qquad \text{(HJB)}$$

8.2.2　二阶平均场博弈与混沌

如果粒子以混沌方式演化，则状态动力学模型可以用一类随机微分方程来描述：

$$dx(t)=u(x(t),t)dt+\sigma dB(t)$$

其中，$dB(t)$ 是无穷小布朗运动。

对于前几节中介绍的确定性情况，相应的平均场博弈模型涉及两个耦合偏微分方程。不同的是，现在有了值函数 $v(\cdot)$ 和密度 $m(\cdot)$ 的二阶导数，如下所示：

$$-\partial_t v(x,t)+\frac{1}{2}|\nabla_x v(x,t)|^2-\frac{\sigma^2}{2}\Delta v(x,t)=g(x,m(\cdot)) \qquad \text{(HJB)-向后}$$

$$\partial_t m(x,t)+\mathrm{div}(m(x,t)\cdot u(x,t))-\frac{\sigma^2}{2}\Delta m(x,t)=0 \qquad \text{(KFP)-向前}$$

其中，Δ 为拉普拉斯算子，有

$$\Delta=\sum_{i=1}^{n}\frac{\partial^2}{\partial x_i^2}$$

因此，上述模型称为二阶平均场对策。目前，平流方程被著名的柯尔莫戈罗

夫-福克-普朗克(KFP)方程所取代,这个方程通常用来模拟扩散过程,是统计力学的基础。

8.2.3 平均和贴现无限水平公式

平均场博弈也可以表述为无限扩展问题,在这种情况下,有两个替代的公式。如果参与人是有耐心的或有远见的,该公式包含平均无限扩展成本函数。与此不同的是,如果参与者目光短浅或没有远见,该公式就会包含一个折扣成本函数。接下来按顺序对这两种情况进行阐述。

(1) **平均成本**。首先,对于目光短浅的参与人来说,成本函数是一种形式:

$$J = \mathbb{E}\limsup_{T\to\infty}\frac{1}{T}\int_0^T\left[\frac{1}{2}\mid u(x)\mid^2 + g(x(t), m(\cdot, t))\right]\mathrm{d}t$$

那么平均场博弈需要在$\mathbb{R}^n$

$$\bar{\Lambda} + \frac{1}{2}\mid\nabla_x\bar{v}\mid^2 - \frac{\sigma^2}{2}\Delta\bar{v} = g(x, \bar{m}) \tag{HJB}$$

$$\mathrm{div}(\bar{m}\cdot u(x)) - \frac{\sigma}{2}\Delta\bar{m} = 0 \tag{KFP}$$

上述公式使得成本的瞬时波动毫无意义,其重要性完全在于长期平均成本。需要注意的是,这个问题与其他平均场博弈公式具有相同的结构,唯一的区别在于现在考虑的是平均值状态成本 $\bar{\lambda}$、长期平均值函数 $\bar{v}(\cdot)$和长期平均密度函数 $\bar{m}(\cdot)$。

(2) **贴现成本**。对于有远见的参与人,成本函数包含折扣因子,如下所示:

$$J = \mathbb{E}\int_0^\infty \mathrm{e}^{-\rho t}\left[\frac{1}{2}\mid u(x(t), t)\mid^2 + g(x(t), m(\cdot, t))\right]\mathrm{d}t$$

求解上述平均场博弈方程,即在下述两个偏微分方程的$\mathbb{R}^n\times[0, T]$中找到一个不动点:

$$-\partial_t v(x, t) + \frac{1}{2}\mid\nabla_x v(x, t)\mid^2 - \frac{\sigma^2}{2}\Delta v(x, t) + \rho v = g(x, m(\cdot)) \tag{HJB}$$

$$\partial_t m(x, t) + \mathrm{div}(m(x, t)\cdot u(x, t)) - \frac{\sigma^2}{2}\Delta m(x, t) = 0 \tag{KFP}$$

8.3 存在唯一性

在一些学者的研究中,平均场博弈的表述通常伴随着一些关于平均场平衡的存在唯一性的结果。对于解的存在性,一般参考以下假设:

(1) 状态空间和分布空间中运行成本与终端成本的一致有界性;

(2) 状态空间和分配空间中运营成本与终端成本的 Lipschitz 连续性;

(3) 初始概率测度相对于勒贝格测度的绝对连续性。

上述条件保证了值函数和分布是“正则的”。从第三个条件，也可以排除质量在特定点的集中，换句话说，分布不可能有狄拉克脉冲。值得注意的是，在上述条件下，可以保证经典意义上的解存在。相反，弱解的存在性证明仍然是一个具有挑战性的问题。现在来考虑唯一性条件。

解的唯一性被证明依赖于成本函数的单调性。实际上，运行成本必须满足这一条件：

$$\int_{\mathbf{R}^d} (g(x,m_1)-g(x,m_2))\,\mathrm{d}(m_1-m_2)(x)>0,\quad \forall m_1,m_2\in\mathcal{P}, m_1\neq m_2$$

同样地，终端惩罚必须满足

$$\int_{\mathbf{R}^d} (G(x,m_1)-G(x,m_2))\,\mathrm{d}(m_1-m_2)(x)>0,\quad \forall m_1,m_2\in\mathcal{P}$$

在上述条件下，可以用概率分布空间表示。上面的不等式本质上描述了这样一种情况：给定点上粒子密度越大，粒子的成本就越高。用“群体排斥”这个术语来表达这种场景，其是几种交通或行人流动问题的特征。

与微分博弈理论类似，如果问题是线性二次的，那么可以显式地计算均衡策略。关于线性二次平均场博弈和显式解的更多细节，读者可自行翻阅资料学习。

8.4 示例

本节中示范的示例是程式化的模型，能够解释理论的通用性。这些模型交叉了社会科学、经济学和生产工程。

例 8-1：墨西哥波

该模型描述了模拟和仿真等现象，假设博弈有一种状态，用 $x=[y,z]$ 表示，其中第一个分量 $y\in(0,L)$ 表示横坐标，第二个分量 z 表示垂直位置，称之为姿态。考虑一个连续分布在区间 $[0,L]$ 上的玩家，如图 8-3 所示。

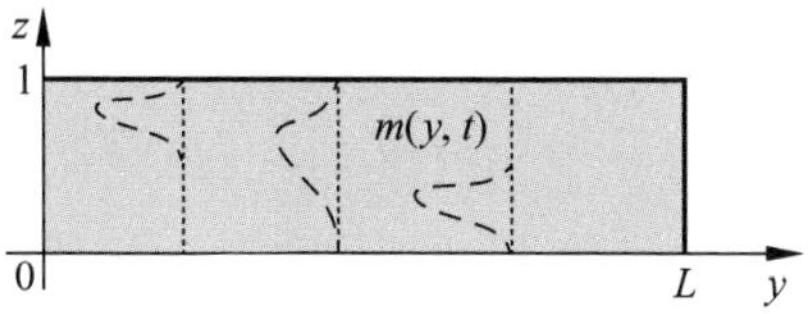

图 8-3 墨西哥波：位置 y 的参与人具有姿态 z 的概率

每个参与人的水平坐标是固定的，该姿态的取值范围为 0 到 1，即

$$z=\begin{cases}1, & \text{站立}\\ 0, & \text{正坐}\end{cases},\quad z\in(0,1)$$

根据参与人所选择的输入，姿态会发生变化。输入确定了姿态的变化率，这是由下述一阶微分方程描述的：

$$dz(t)=u(z(t),t)\,dt$$

控制 u 是参与人必须优化的变量。为了获得著名的墨西哥波，引入一种对国界和分配的惩罚：

$$g(x,m)=\underbrace{Kz^{\alpha}(1-z)^{\beta}}_{\text{comfort}}+\underbrace{\frac{1}{\varepsilon^{2}}\int(z-\tilde{z})^{2}m(\tilde{y};t,\tilde{z})\frac{1}{\varepsilon}s\left(\frac{y-\tilde{y}}{\varepsilon}\right)d\tilde{z}\,d\tilde{y}}_{\text{mimicry}}$$

其中，K、α、β 和 ε 是给定参数。注意，上述代价包括两个部分，第一个是关于参与人的舒适度。显然，舒适度在 z 的两个极值处达到最大值，即 $z=0$，此时意味着参与人呈坐姿；$z=1$，即参与人站立。

观察到 $z^{\alpha}(1-z)^{\beta}$ 是凹性的，并且在 $z=0$ 和 $z=1$ 时是空的。第二项解释了拟态，这一项考虑了参与人的姿态与其邻座的姿态之间的平方偏差 $(z-\tilde{z})^2$。

随着参与人与邻座距离的增加，惩罚会减少。实际上，注意 $\frac{1}{\varepsilon}s\left(\frac{y-\tilde{y}}{\varepsilon}\right)$ 项是一个高斯核，用通俗一些的话来讲就是“远邻”的影响力不如“近邻”，惩罚同样也由概率 $(z-\tilde{z})^2$ 所加权，后者表示给定的邻座在给定时间处于特定姿态的概率。

例 8-2：会议开始时间

第二个例子是关于参与人在应对外部性时的协调模型，假设会议安排在时间 t_s。会议在位于图 8-4 中横轴原点的会议室中进行。

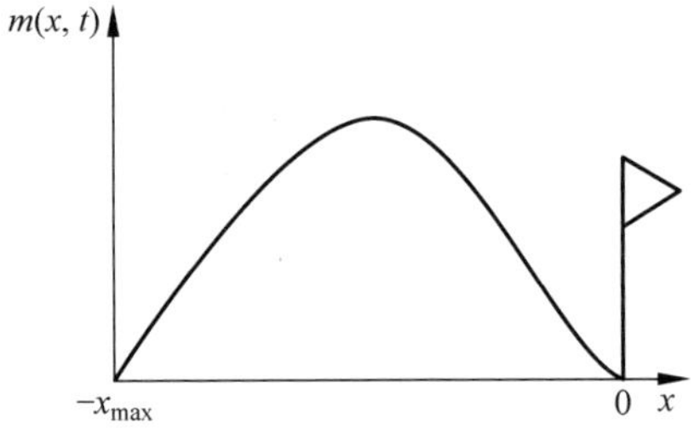

图 8-4 外部性下的协调：以会议开始时间为例

考虑一组连续的对象，他们最初分布在负轴上，参与人在走向会议室时必须选择自己的速度。他们的速度取决于他们对会议实际开始时间的预期。假设以下的法定人数规则：当 $\theta\%$ 的参与人到达房间时，会议开始，因此，θ 代表法定人数。显然，单个参与人的最佳速度 u 取决于他用来预测其他参与人行为的模型。如果要其他队员准时，那么他就得加快速度。不同的是，如果其他参与人预计会迟到，那么他就会放慢速度。单个参与人的状态演化表示为

$$dx(t)=u(x(t),t)dt+\sigma dB(t)$$

在上述动态过程中，使用布朗运动来引入随机干扰，即参与人接近会议室的方式。设 $\tilde{\tau}=\min\limits_{s}(x(s)=0)$ 已给定，表示参与人的到达时间，也用 $\bar{t}$ 表示会议实际开始的时间(通常与预定的时间不同)。注意到实际开始时间是问题的一个变量，因为

它取决于群体行为。

此外,考虑给出的终端惩罚:

$$G(x(\tilde{\tau}),m(\cdot,\tau))=\underbrace{c_1(\tilde{\tau}-t_s)_+}_{\text{reputation}}+\underbrace{c_2(\tilde{\tau}-\bar{t})_+}_{\text{inconvenience}}+\underbrace{c_3(\bar{t}-\tilde{\tau})_+}_{\text{waiting}}$$

其中,c_1、c_2、c_3 是给定的参数。实际上,上面提到的成本显示了三种不同的功能。第一项描述了在预定时间后到达所产生的坏名声的成本,第二项解释了相对于实际开始时间迟到的不便,最后第三项表示如果一个人在实际开始时间之前到达并且必须等待其他玩家到达而支付的费用。

在引入模型之后,对于任何时刻,都可以计算出会议室中已经有多少参与人,这个量由下式得到:

$$F(s)=-\int_0^s \partial_x m(0,v)\,\mathrm{d}v$$

因此,实际启动时间为逆函数,即

$$\bar{t}=F^{-1}(\theta)$$

例 8-3:群体行为

在这个例子中,提出了一个描述社会科学中的羊群行为的模型。为了做到这一点,需要给出 x,它描述了单个参与人的行为。例如,参与人的行为可以描述其社会行为或创新开放性。假设这种行为是根据以下随机微分方程演化的:

$$\mathrm{d}x(t)=u(x(t),t)\mathrm{d}t+\sigma\mathrm{d}B(t)$$

当将运行成本设为下式时,就出现了典型的羊群行为:

$$g(x,m)=\beta\Big(x-\underbrace{\int ym(y,t)\,\mathrm{d}y}_{\text{average}}\Big)^2$$

上面的运行成本涉及参与人行为与群体中个体平均行为之间的平方差,可以使用一个折现的无限扩展公式,就像在前面介绍的那样。在这种情况下,有

$$J=\mathbb{E}\int_0^{\infty}\mathrm{e}^{-\rho t}\left[\frac{1}{2}\mid u(x(t),t)\mid^2+g(x(t),m(\cdot,t))\right]\mathrm{d}t$$

然后就进入了接下来的中场比赛:

$$-\partial_t v(x,t)+\frac{1}{2}\mid\nabla_x v(x,t)\mid^2-\frac{\sigma^2}{2}\Delta v(x,t)+\rho v(x,t)=g(x,m(\cdot)) \quad \text{(HJB)}$$

$$\partial_t m(x,t)+\operatorname{div}(m(x,t)\cdot u(x,t))-\frac{\sigma^2}{2}\Delta m(x,t)=0 \quad \text{(KFP)}$$

例 8-4:石油生产

这个例子涉及的是一个连续的产油国,每个生产者都有原材料的初始储备。为了模拟股票市场,可以使用几何布朗运动模型:

$$\mathrm{d}x(t)=[\alpha x(t)+\beta u(x(t),t)]\,\mathrm{d}t+\sigma x(t)\mathrm{d}\mathcal{B}(t)$$

其中,$\beta u(t)$为生产数量,经营成本包括生产成本和总收益,总收益带有负号。成本的形式为

$$g(x,u,m)=-b(\bar{m})u+\left(\frac{a}{2}u^2+bu\right)$$

其中,$b(\bar{m})$是石油的售价,我们有理由假定销售价格以 $\bar{m}$ 递减。也就是说,生产商的平均库存越高,当前和未来的销售价格就越低。此外,$\frac{a}{2}u^2+bu$ 项是线性二次形式的生产成本,最终惩罚是对边界未开发的保护区的惩罚:

$$G(x(T))=\phi\mid x(T)\mid^2,\quad \phi>0$$

8.5 平均场博弈的鲁棒性

现在讨论平均场博弈的鲁棒性。首先,给出了模型,然后分析了它的一般解,由此产生了一个新的均衡概念,即鲁棒平均场均衡。在本节的最后,将更详细地讨论这种新的平衡概念。

8.5.1 模型

在这里除了由布朗运动给出的经典随机扰动外,鲁棒性还与确定性对抗扰动的存在有关。对抗是指在所有可能的实现中考虑最坏的情况,就像 H_∞ 最优控制一样。H_∞ 最优控制问题在前面章节中已经提过,在此不再赘述。

为了从 H_∞ 最优控制问题转移到鲁棒平均场博弈问题,需要考虑同一个体的大量副本渐近趋于无穷,然后假设受控输出也取决于状态的概率分布,这等同于每一个体都在"对抗"一种对抗性干扰(如 H_∞ 最优控制),同时"对抗"种群的其余部分,如图 8-5 所示。在下文中将给出一个鲁棒平均场博弈的数学公式。

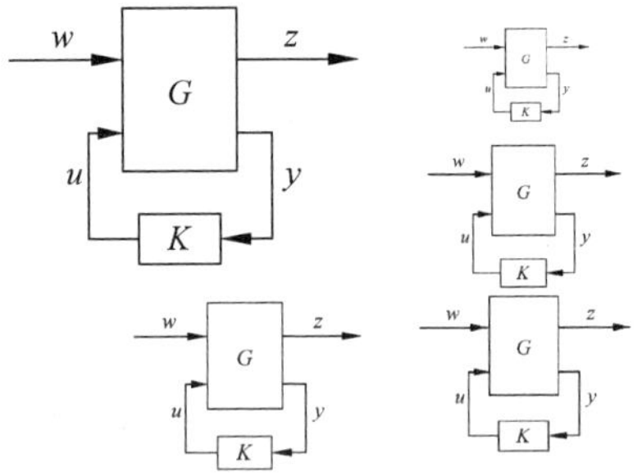

图 8-5 个体的无限复制:受控的输出也取决于状态的概率分布

考虑同一个体 G 的 N 个副本,对于每一个副本都有一个选择控制器 u 的第一参与人和一个选择干扰 w 的第二参与人,用 $N=\{1,2,\cdots,N\}$ 表示。将首先生成一个有限但固定 N 的鲁棒策略,然后取 $N\to\infty$。为了将有限 N 的公式与 $N\to\infty$ 的渐近情况下的公式区分开来,在前者的变量中添加指标 N。给定有限边界 $[0,T]$,对于每个参与人 $j\in N$ 状态,用 $x_j^N(t)$表示,按照下式中的随机微分方程演化:

$$\mathrm{d}x_j^N(t)=[\alpha x_j^N(t)+\beta u_j^N(t)]\,\mathrm{d}t+\sigma[x_j^N(t)\mathrm{d}\beta_j(t)+w_j^N(t)\mathrm{d}t] \tag{8-4}$$

其中，α、β 和 σ 是$\mathbb{R}$ 中合适的参数。

(1) $B_j(t), t\geqslant 0$ 是一个标准布朗运动，它独立于初始状态 $x_j^N(0)$，且独立于参与人，符号 j 在后面偶尔被用来表示区间 $[0,T]$ 上的布朗过程。

(2) $x_j^N(0)$表示参与人 j 的初始状态，这是从分布 $m_j^N(0)$中随机提取的，假设在 $N\to\infty$时，这种分布几乎肯定收敛到某个分布 m_0，且与 j 无关。

(3) $u_j^N(t)$表示参与人 j 在时刻 t 的控制。

(4) $w_j^N(t)$：$[0,T]$是在 t 时刻作用于参与人 j 的扰动。

动态模型(8-4)代表每个个体的动态，因此可以称为微观动态，相对应的集体动力学则称为宏观动态。引入狄拉克测度 δ，令 $m^N(t)=\dfrac{1}{N}\sum_{j=1}^{N}\delta_{x_j^N(t)}$ 是 t 时刻状态的经验测度。偶尔用 m^N 表示时刻 $t\in[0,T]$ 的经验频率，即 $m^N:=(m^N(t))_{t\in[0,T]}$。

在引入经验频率后，考虑成本函数：

$$J^N(x_j^N(0),u_j^N,m_j^N,w_j^N)=\mathbb{E}\left[g(x_j^N(T))+\int_0^T c(x_j^N(t),u_j^N(t),m_j^N(t),t)\,\mathrm{d}t-\gamma^2\int_0^T|w_j^N(t)|^2\mathrm{d}t\right]$$

其中，$m_j^N=(m_j^N(t))_{t\in[0,T]}$，$m_j^N(t):=\dfrac{1}{N-1}\sum_{j'\neq j}\delta_{x_{j'}^N(t)}$，$g(\cdot)$ 为终端惩罚，$c(\cdot)$ 为运行成本。

假设每个参与人 j 都有一个控制 $u_j^N(t)$，它适应由初始状态 $x_j^N(0)$和布朗运动 j 产生的过滤，并且可能也适应与其他参与人的动态相关的某种聚合过滤。具体地说，设以下一类个体和群体状态反馈策略：$u_j^N(t)=\mu_j(t,x_j^N(t),m^N(t))$。

将反馈纳什均衡的定义调整到上述一类策略。为此，对所有 $t\in[0,T]$，设 $w_j^N(t)=0$，忽略干扰项 $w_j(t)$。

定义 8-1：反馈纳什均衡是一种反馈策略：

$$u_j^{N*}(t)=\mu_j^*(t,x_j^N(t),m^N(t)),\quad j\in N$$

使得所有参与人都没有偏离的动机，即对于所有 $j\in N$，有

$$J^N(x_j^N(0),u_j^{N*},m_j^{N*},0)=\inf_{\{u_j^N(t)\}_t}J^N(x_j^N(0),u_j^N,m_j^{N*},0)$$

其中，$x_j^N(t)$的动力学模型由下式给出：

$$\mathrm{d}x_j^N(t)=[\alpha x_j^N(t)+\beta u_j^N(t)]\,\mathrm{d}t+\sigma x_j^N(t)\,\mathrm{d}\mathcal{B}_j(t),\quad t\in(0,T),x_0\in\mathbb{R} \tag{8-5}$$

在上式中，$m_j^{N*}=(m_j^{N*}(t))_{t\in[0,T]}$ 和 $m_j^{N*}(t)$是经验测度 $\dfrac{1}{N}\delta_{x_j^N(t)}+\dfrac{N-1}{N}$

$\frac{1}{N-1}\sum_{j'\neq j}\delta_{y_{j'}^N(t)}$，其中 $y_{j'}^N(t)$是参与人 j'的最优状态轨迹，即参与人 j'的反馈最佳反应控制产生的状态轨迹。

可以修改上述定义，以考虑最坏情况下的干扰 w_j^N，这就引出了最坏情况扰动反馈纳什均衡的概念，计算这种均衡的问题在后面鲁棒随机微分博弈问题中得到了正式的表述。

1. **鲁棒随机博弈问题**

设$\mathcal{B}$为定义在$(\Omega,\mathcal{F},\mathbb{P})$上的一维布朗运动过程，其中$\mathcal{F}$是由$\mathcal{B}$生成的自然过滤，$x_j^N(0)$是任意与分布 $m_0(x)$无关的随机变量，考虑下式

$$\inf_{\{u_j^N(t)\}_t}\sup_{\{w_j^N(t)\}_t} J^N(x_j^N(0),u_j^N,m_j^{N^*},w_j^N)$$

其中，$x_j^N(t)$的动力学模型由下式给出：

$$\begin{aligned}\mathrm{d}x_j^N(t)=&[\alpha x_j^N(t)+\beta u_j^N(t)+\sigma w_j^N(t)]\,\mathrm{d}t+\\&\sigma x_j^N(t)\mathrm{d}\beta_j(t),t\in(0,T],\quad x(0)\in R\end{aligned}\tag{8-6}$$

上式中，$m_j^{N^*}=(m_j^{N^*}(t))_{t\in[0,T]}$，而 $m_j^{N^*}$ 是经验测度

$$\frac{1}{N}\delta_{x_j^N(t)}+\frac{N-1}{N}\frac{1}{N-1}\sum_{j'\neq j}\delta_{y_{j'}^N(t)}$$

其中，$y_{j'}^N(t)$是参与人 j 的最优状态轨迹，即参与人 j 的反馈最佳反应控制生成的状态轨迹。

可以将上述公式应用于渐近情况，即 $N\to\infty$时，最终得到的公式被称为鲁棒平均场博弈，其代表了这一章节的核心。为此，请注意过程 $m^N(t)$必须用极限测度 $m(t)$代替。类似地，代价泛函 J^N 必须用极限代价 J^∞ 代替。这种做法是可行的，因为德菲内蒂-休伊特-萨维奇定理提供的过程和收敛结果是不可区分的。值得注意的是，在鲁棒平均场博弈中，每个参与人都对 $m_j^{N^*}(t)$的极限度量作出反应，也就是说，参与人对平均场 $m^*(t):=(m^*(t))_{j\in N}$ 作出最佳反应，即平衡态轨迹的分布。

在渐近情况下，当我们处理一组连续变量时，指数 j 可以从所有变量中去掉。

值得注意的是，对于当前的问题，经验测度对极限测度的收敛意味着成本函数和最优成本函数的收敛。此外，对于度量 $m(t)$的均值，用 $\bar{m}(t)$表示：

$$\frac{a}{\mathrm{d}t}\bar{m}(t)=\alpha\bar{m}(t)+\beta\mathbb{E}[u(t)]+\sigma\mathbb{E}[w(t)],t\in(0,T),\quad \bar{m}_0\in\mathbb{R}\tag{8-7}$$

式(8-7)是将期望代入式(8-6)所得，事实上有

$$\mathbb{E}\left[\int_0^T\sigma(s)x_j^N(s)\mathrm{d}\beta_j(s)\right]=0$$

计算期望要求 $\mathbb{E}[x_j^N(t)]<\infty$ 和$\int_0^T\mathbb{E}[\sigma(s)x_j^N(s)]\,\mathrm{d}s<\infty$。稍后证明控制 $u(t)$ 和扰动 $w(t)$ 是有界的，因此右边也是有界的。接着，为了保证$\mathbb{E}[x_j^N(t)]<\infty$，

充分考虑有界期望值的初始分布，即$\mathbb{E}\ [x_{j,0}^{N}]<\infty$。

现在可以给出一个鲁棒平均场博弈的精确公式。

2. 鲁棒平均场博弈问题

设β为定义在$(\Omega,\mathcal{F},\mathbb{P})$上的一维布朗运动过程，其中$\mathcal{F}$为$\mathcal{B}$产生的自然过滤。设$x(0)$为任意与分布$m_0(x)$无关的随机变量。通过这个问题来定义鲁棒平均场博弈：

$$\inf_{\{u(x(t),t)\}_t}\sup_{\{w(x(t),t)\}_t} J^{\infty}(x,u,m^*,w)$$

其中，$x(t)$的动力学模型由下式给出：

$$\begin{aligned}\mathrm{d}x(t)=&[\alpha x(t)+\beta u(x(t),t)+\sigma w(x(t),t)]\,\mathrm{d}t+\\&\sigma x(t)\mathrm{d}\beta_j(t),t\in(0,T],\quad x(0)\in R\end{aligned}\tag{8-8}$$

而$m^*(t)$是任意处于状态x的参与人执行控制时获得的平衡平均场轨迹：

$$u^*(x(t),t)=\arg\inf_{\{u(x(t),t)\}_t}\sup_{\{w(x(t),t)\}_t} J^{\infty}(x,u,m^*,w)$$

8.5.2 鲁棒平均场博弈的一般解

在$\beta\neq0,\gamma\neq0$的假设下，将鲁棒哈密顿量定义为

$$H(x,p,m,t)=\inf_u\sup_w\{c(x,u,m)-\gamma^2w^2+p(\alpha x(t)+\beta u(t)+\sigma\zeta(t))\}$$

对于上界部分，注意函数$w\to-\gamma^2w^2+p\sigma w$是严格凹的，并且有一个最大值：

$$w^*(t)=\frac{\sigma}{2\gamma^2}p\tag{8-9}$$

设$v(x,t)$是初始时间为t、初始状态为x的问题的上值，则最坏情况的扰动表述为

$$w^*(t)=\frac{\sigma}{2\gamma^2}\partial_x v(x,t)\tag{8-10}$$

其中，$v(x,t)$满足HJB方程：

$$\partial_t v(x,t)+\widetilde{H}(x,\partial_x v(x,t),m,t)+\frac{\sigma^2x^2}{2}\partial_{xx}^2 v(x,t)=0\tag{8-11}$$

$$v(x,t)=g(x)\tag{8-12}$$

此外，函数$-\gamma^2w^2+p\sigma w$的最大值由$\left(\frac{\sigma p}{2\gamma}\right)^2$给出，可以得到鲁棒哈密顿量：

$$\widetilde{H}(x,p,m,t)=\inf_u\{c(x,u,m)-\gamma^2(w^*(t))^2+p(\alpha x+\beta u+\sigma w^*(t))\}\tag{8-13}$$

$$=\inf_u\{c(x,u,m)+p(\alpha x+\beta u)\}+\left(\frac{\sigma p}{2\gamma}\right)^2\tag{8-14}$$

通过忽略干扰，可以定义标准的哈密顿量为

$$H(x,p,m,t)=\inf_u\{c(x,u,m)+p(\alpha x(t)+\beta u(t))\}$$

在代价 c 在 u 上是严格凸的假设下，h 对 p 的导数由下式求得：

$$\partial_p H(x,p,m,t)=\alpha x(t)+\beta u^*(t)$$

因此，可以将最优控制表述为一个鲁棒 Hamilton 函数，如下所示：

$$u^*(x(t),t)=\frac{1}{\beta}\left[\partial_p \widetilde{H}(x,p,m,t)-\alpha x(t)-2\left(\frac{\sigma}{2\gamma}\right)^2 p\right]$$

定理 8-1：最优控制 $u^*(x(t),t)$ 取决于最坏情况下的干扰 $w^*(t)$，如下所示：

$$u^*(x(t),t)=\frac{1}{\beta}\left[\partial_p H\left(x(t),\frac{2\gamma^2}{\sigma}w^*(x(t),t),m(t),t\right)-\alpha x(t)\right] \tag{8-15}$$

这里还没有引入生成 $v(x,t)$ 的方程。

证明 在严格凸性下，哈密顿量是适定的，而哈密顿量对 p 的导数提供了状态的漂移项，由此可以推导出参与人的反馈最优控制。

上述结论的一个直接结果可以表述为下列推论：

推论 8-1：最佳控制 $u^*(x(t),t)$ 取决于最坏情况下的干扰 $w^*(t)$，如下所示：

$$u^*(x(t),t)=\frac{1}{\beta}\left[\partial_p H\left(x(t),\frac{2\gamma^2}{\sigma}w^*(x(t),t),m(t),t\right)-\alpha x(t)\right] \tag{8-16}$$

证明 结果可通过设 $p=\partial_x v(x,t)$ 并由式(8-9)得到。

现在，对于状态 $u^*(x(t),t)$，$w^*(x(t),t)$ 的漂移项，得到：

$$\alpha x(t)+\beta u^*(t)+\sigma w^*(t)=\partial_p H+\sigma w^*(t) \tag{8-17}$$

接着就可以用两个耦合偏微分方程给出鲁棒平均场博弈的精确公式。

定理 8-2：下式给出了鲁棒平均场博弈的平均场系统模型：

$$\partial_t v(x,t)+H(x,\partial_x v(x,t),m(t),t)+\left(\frac{\sigma}{2\gamma}\right)^2 |\partial_x v(x,t)|^2+$$
$$\frac{1}{2}\sigma^2 x^2 \partial_{xx}^2 v(x,t)=0 \tag{8-18}$$

$$v(x,t)=g(x) \tag{8-19}$$

$$m(x,0)=m_0(x) \tag{8-20}$$

$$\partial_t m(x,t)+\partial_x(m(x,t)\partial_p H(x,\partial_x v(x,t),m(t),t))+$$
$$\frac{\sigma^2}{2\gamma^2}\partial_x(m(x,t)\partial_x v(x,t))-\frac{1}{2}\sigma^2\partial_{xx}^2(x^2 m(x,t))=0 \tag{8-21}$$

其中，m_0 为初始种群状态分布，g 为终端惩罚。

证明 显然，第一个方程是 HJB 方程，它是在最终时间用边界条件反求 $T>0$。第二个方程是 KFP 方程，它解释了分布演化。

在下文中，分析了经典解存在的充分性条件。在这个过程中，使用不动点定理论证。

考虑一个具有有限二阶矩的连续密度函数的绝对连续的初始测度 d，其终端函数是光滑的、有界的、利普希茨连续的。设运行成本 c 在 u 中是凸性的，由于 c 在扰动 w 中是凹性的，则可以得到运行代价是一个凸凹函数，其强制条件成立：

$$\begin{cases} \dfrac{c-\gamma^2 w^2}{u} \to +\infty, & \text{对于 } u \to \infty \\ \dfrac{c-\gamma^2 w^2}{w} \to -\infty, & \text{对于 } w \to \infty \end{cases} \tag{8-22}$$

其中，m_0 为初始种群状态分布，g 为终端惩罚。

显然，给定系数是有界的，漂移是线性的，因此 Lipschitz 条件是连续的。此外，假设运行代价 c 的芬切尔变换是 (x,m) 中的 Lipschitz 条件，且函数 $p \to \dfrac{\sigma^2}{4\gamma^2}p^2 + H$ 是严格凸可微的，$\dfrac{\sigma^2}{4\gamma^2}p^2 + H$ 是 Lipschitz 连续的。需要注意的是，最后这个条件弱于 H 上的条件凸性假设。

具有式(8-20)的 m^*（解）的泛型 m 状态函数式(8-15)产生最坏情况的扰动反馈平均场平衡，上述结果在确定性的情况下得到简化，如下列定理所示。

定理 8-3：在确定性的情况下，即 $\sigma \equiv 0$，平均场博弈模型简化为

$$\partial_t v(x,t) + H(x, \partial_x v(x,t), m(x,t), t) = 0 \tag{8-23}$$

$$v(x,t) = g(x) \tag{8-24}$$

$$\partial_t m(x,t) + \partial_x (m(x,t)\partial_p H(x, \partial_x v(x,t), m(x,t), t)) = 0 \tag{8-25}$$

$$m(x,0) = m_0(x) \tag{8-26}$$

其中，$m_0(x)$ 是给定的初始分布。

证明 根据定理 8-2，令 $\sigma = 0$，从而消除了扰动项。

将上述结果专门用于例 8-4 中介绍的石油生产应用。

例 8-5：石油生产续例

对于连续的产油国，每个产油国都有一个给定的初始储量或原料库存，考虑几何布朗运动随机过程

$$\mathrm{d}x(t) = [\alpha x(t) + \beta u(x(t),t) + \sigma w(x(t),t)]\,\mathrm{d}t + \sigma x(t)\mathrm{d}\beta(t)$$

上述模型描述了储量的时间演化。新的 $\sigma w(t)$ 表示对生产的税收或通货膨胀。

处罚涉及总收入和生产成本由下式给出：

$$g(x,u,m,w) = -b(\bar{m},w)u + \left(\frac{a}{2}u^2 + bu\right)$$

目前，石油的售价 $b(\bar{m},w)$ 取决于干扰 w。考虑最坏情况下的干扰来解决这个问题，这将导致以下边界优化：

$$\inf_{\{u\}_t} \sup_{\{w\}_t} \mathbb{E}\left[G(x(t)) + \int_0^T g(x,u,m,w)\,\mathrm{d}t - \gamma^2 \int_0^T |w|^2 \mathrm{d}t\right]$$

本质上，寻找关于控制 u 的下极值和关于扰动 w 的上极值，一个关键方面是 γ 的一个适当值的选择，这使问题避免不适定性。

8.5.3 关于新均衡概念的讨论

上述建立的过程步骤导致了一个新的平衡概念，通常称为最坏情况扰动反馈平均场平衡（有时也称为鲁棒平均场平衡），它结合了两个现有的概念。第一个是 H_∞ 最优控制问题导出的最坏情况扰动反馈纳什均衡，第二个是平均场均衡。注意，最坏情况下的干扰反馈纳什均衡解释了对抗干扰，但限于参与人数量有限的情况下。相反，平均场均衡涉及无限数量的参与人，但没有对抗性干扰。最坏情况下的干扰反馈平均场均衡结合了两个元素：对抗干扰和无限数量的参与人。

对于平均场平衡，最坏情况扰动反馈平均场平衡也需要解图 8-6 所示的两个耦合偏微分方程。第一部分包括 HJI 方程，它的返回值为函数 $v(\cdot)$ 及最优控制 $u^*(\cdot)$ 和最坏情况下的扰动 $w^*(\cdot)$，然后将控制和扰动代入 KFP 方程，因为两者在定义向量场方面是一致的，从向量场中获得了新的密度 $m(\cdot)$。同样，最坏情况的扰动反馈平均场平衡点是该过程的不动点。图 8-6 为不动点计算的迭代方案。

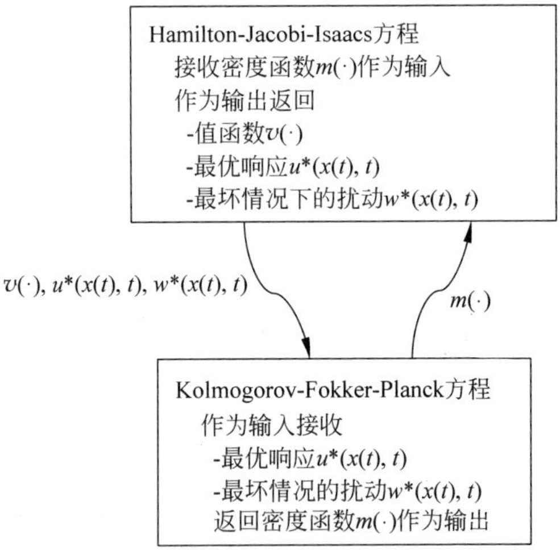

图 8-6 鲁棒平均场博弈中计算固定点的迭代格式

8.6 结论和有待解决的问题

平均场博弈需要求解耦合偏微分方程、HJB 方程和 KFP 方程，本章阐述了如何将鲁棒性引入其中，从而得到最坏情况下 HJB 方程的解。将这种新构造称为鲁棒平均场博弈，并将其均衡解称为最坏情况扰动反馈平均场均衡。

当前和未来研究的主要方向如下：

(1) 在值函数、概率分布和微观状态动力学不可微的情况下，平均场平衡的存在性和唯一性。

(2) 关于非二次型非线性平均场博弈中的平均场均衡的数值计算或逼近方案。

(3) 存在异质性的多种群平均场博弈。

(4) 其他领域的应用，如工程、金融、交通、生物和社会科学。

习题

1. 平均场博弈的基础概念

设有一个简单的一阶平均场博弈模型，其中个体的动态演化方程为

$$\dot{x}_i(t)=f(x_i(t),m(t),u_i(t))$$

其中，$x_i(t)$表示个体 i 的状态，$m(t)$表示平均场状态，$u_i(t)$表示个体 i 的控制。

(1) 什么是平均场状态 $m(t)$？

(2) 推导平均场状态的演化方程。

(3) 描述个体的最优控制策略。

2. 二阶平均场博弈与混沌

考虑一个二阶平均场博弈模型，其中个体的状态演化由以下方程描述：

$$\ddot{x}_i(t)=f(x_i(t),\dot{x}_i(t),m(t),\dot{m}(t),u_i(t))$$

其中，$x_i(t)$表示个体 i 的位置状态，$\dot{x}_i(t)$表示个体 i 的速度状态，$m(t)$表示平均场位置状态，$\dot{m}(t)$表示平均场速度状态，$u_i(t)$表示个体 i 的控制。

(1) 写出平均场位置状态 $m(t)$和平均场速度状态 $\dot{m}(t)$的定义。

(2) 推导平均场位置状态和速度状态的演化方程。

(3) 讨论混沌在二阶平均场博弈中的可能性及其影响。

3. 鲁棒平均场博弈的模型

设有一个鲁棒平均场博弈模型，其中个体的状态演化方程为

$$\dot{x}_i(t)=f(x_i(t),m(t),u_i(t),w_i(t))$$

其中，$w_i(t)$表示不确定扰动。

(1) 解释什么是鲁棒平均场博弈。

(2) 写出鲁棒平均场博弈中个体的最优控制策略。

(3) 讨论如何通过引入不确定扰动 $w_i(t)$来增强系统的鲁棒性。

4. 平均场博弈的唯一性

考虑以下平均场博弈模型：

$$\dot{x}_i(t)=Ax_i(t)+Bu_i(t)+\varepsilon m(t)$$

其中，A、B、ε 为常数矩阵或标量，$m(t)$为平均场状态。

(1) 证明在某些条件下，平均场博弈模型解的唯一性。

(2) 讨论唯一性条件的物理意义及其在实际应用中的重要性。

参考文献

[1] 李国勇. 最优控制理论与应用[M]. 北京：国防工业出版社，2008.

[2] VALERIU U. Pareto-Nash-Stackelberg game and control theory[M]. Springer，Cham：DOI：10.1007/978-3-319-75151-1.

[3] RALPH C S. Game theory with engineering applications[M]. David Marshall.

[4] 胡寿松，王执铨，胡维礼. 最优控制理论与系统[M]. 2 版. 北京：科学出版社，2005.

[5] BAUSO B D. Game theory with engineering applications[M]. Society for Industrial and Applied Mathematics，2016.

[6] 张洪钺，王青. 最优控制理论与应用[M]. 北京：高等教育出版社，2006.

[7] 冯国楠. 最优控制理论与应用[M]. 北京：北京工业大学出版社，1991.

[8] 薛安克. 鲁棒最优控制理论与应用[M]. 北京：科学出版社，2008.

[9] 吕显瑞，黄庆道. 最优控制理论基础[M]. 北京：科学出版社，2008.

[10] 汪贤裕，肖玉明. 博弈论及其应用[M]. 北京：科学出版社，2016.

[11] 邢继祥，张春蕊，徐洪泽. 最优控制应用基础[M]. 北京：科学出版社，2003.

[12] 张德昌. 最优控制系统[M]. 西安：西北工业大学出版社，1987.